Schnur – unverzichtbar
Streichhölzer – wichtig beim Lagerfeuer
Proviant – wenn der Hunger nagt
Sonnenmilch – gegen Sonnenbrand
20
Stock – als Wanderhilfe und mehr
Anorak – bietet Schutz bei Regen
Landkarte – zeigt dir, wo du bist
Papier – für Notizen
Sicherheitsnadel – hält Dinge zusammen
Verband – bei Verstauchungen usw.

Wildnis, Tiere, Abenteuer

Das unverwüstliche Outdoorbuch

Dieses Buch gehört:

Alle Tipps und Informationen in diesem Buch sind sorgfältig ausgewählt und geprüft. Dennoch können weder Urheber noch Verlag eine Garantie übernehmen. Eine Haftung für Personen-, Sach- und Vermögensschäden ist ausgeschlossen.

5 4 3 2 1 13 12 11 10 09

ISBN 978-3-8157-9408-1

Text: Barbara Wernsing (Sachinformationen)
und Mandy Kuckuk (Spiele, Bastel- und Partytipps)
Illustrationen: Achim Ahlgrimm
Redaktion: Susanne Tommes
Printed in China
www.coppenrath.de

Barbara Wernsing und Mandy Kuckuk

Wildnis, Tiere, Abenteuer

Das unverwüstliche Outdoorbuch

Mit Bildern von Achim Ahlgrimm

COPPENRATH

Hallo, Abenteurer!

Sich in der Wildnis verlaufen, einem gefährlichen Tier begegnen, von einem Unwetter überrascht werden, auf rätselhafte Fußspuren stoßen – Abenteuer lauern überall, im Zeltlager und beim Indianer-Wochenende genauso wie beim Sonntagsspaziergang durch den Wald. Nur wer sich auskennt, weiß, was zu tun ist. Und darum gehört dieses Buch in jeden Rucksack.

Hier findest du praktische Forscher- und Entdecker-Tipps, Hilfen für Spurensucher, nützliche Survival-Tricks für deine Expeditionen und Anleitungen für den Bau von Unterschlüpfen. Dazu gibt's Anregungen für Naturschutzprojekte, Spiele, Bastelideen und eine lustige Wildnisparty.

Die wichtigsten Abenteurer-Regeln

Egal wie lange der Ausflug in die Wildnis dauern soll: Damit die Expedition erfolgreich wird und vor allem Spaß macht, hier die wichtigsten Regeln auf einen Blick:

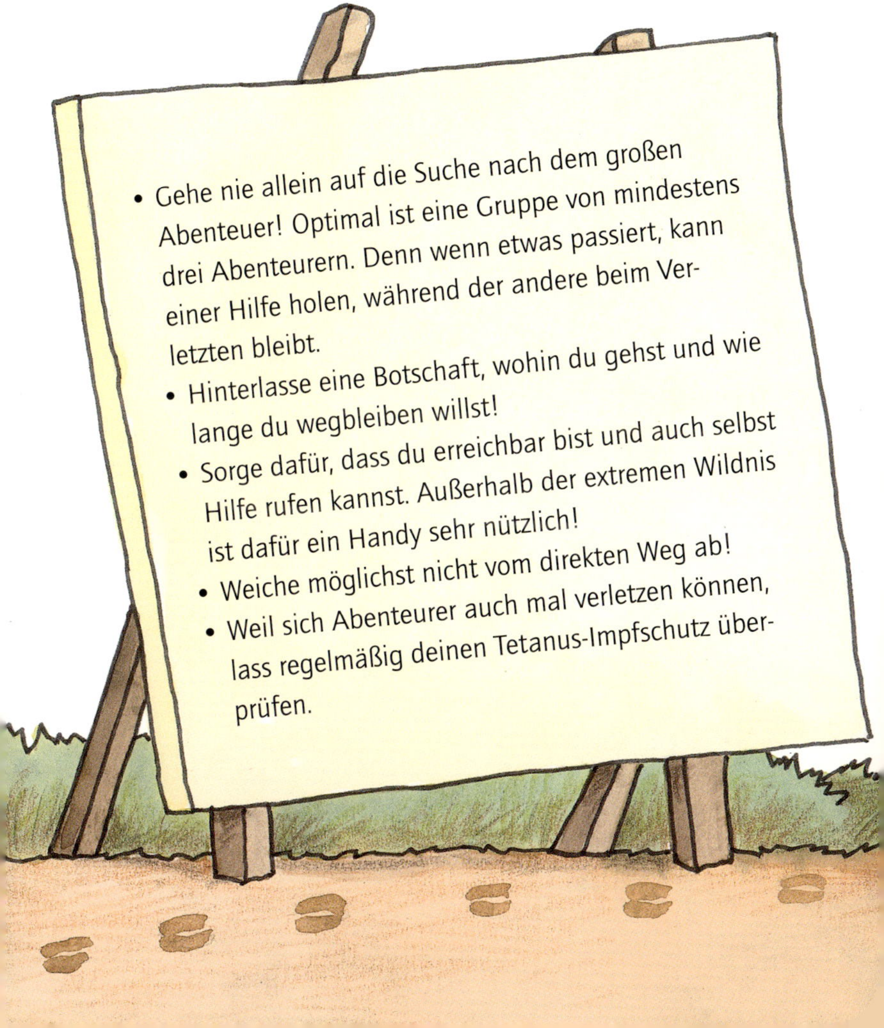

- Gehe nie allein auf die Suche nach dem großen Abenteuer! Optimal ist eine Gruppe von mindestens drei Abenteurern. Denn wenn etwas passiert, kann einer Hilfe holen, während der andere beim Verletzten bleibt.
- Hinterlasse eine Botschaft, wohin du gehst und wie lange du wegbleiben willst!
- Sorge dafür, dass du erreichbar bist und auch selbst Hilfe rufen kannst. Außerhalb der extremen Wildnis ist dafür ein Handy sehr nützlich!
- Weiche möglichst nicht vom direkten Weg ab!
- Weil sich Abenteurer auch mal verletzen können, lass regelmäßig deinen Tetanus-Impfschutz überprüfen.

Expeditionsvorbereitung

Bei der Routenplanung nimm dir nicht zu viel vor. Es gilt: Der „schwächste" Abenteurer gibt das Tempo und die Dauer der Expedition vor. Plane lieber eine kürzere Tour mit mehreren Spiel-, Erkundungs- und Picknick-Pausen.

Wichtig ist es, bei einer Entdeckungstour topfit zu bleiben. Dazu darfst du weder frieren noch zu sehr ins Schwitzen geraten. Wenn du mehrere Kleidungsstücke übereinander trägst (Zwiebel-Look), kannst du dich am besten der jeweiligen Witterung anpassen.

Um einen klaren Kopf zu bewahren, setzt du bei Sonnenschein am besten eine Schirmmütze oder einen Sonnenhut auf. An kalten Tagen verhindert eine Mütze oder Kapuze, dass an deinem Kopf viel Wärme verloren geht.

Die Ausrüstung

Kluge Abenteurer stimmen ihre Ausrüstung auf ihr spezielles Vorhaben ab. Einige Dinge gehören jedoch zur Grundausstattung:

- Karte, Kompass, Taschenlampe und Trillerpfeife!
- Eine warme, regendichte Jacke!
- Eine Flasche Wasser und etwas Proviant!
- Ein Mini-Erste-Hilfe-Set mit Sicherheitsnadeln, Pflastern, Desinfektionsmittel und Verbandsmaterial, Sonnen- und Insektenschutz.
- Ein Halstuch.
- Ein Kärtchen mit deinem Namen, deiner Adresse und deiner Telefonnummer.
- Zettel und Stift.
- Taschenmesser, eine Rolle dicke Paketschnur, ein Seil sowie eine größere Plastikfolie können ebenfalls praktisch sein.

Für die Packordnung gilt:
Schwere Sachen nach unten, leichte nach oben.
Was man öfter braucht, wird griffbereit in den Außentaschen verstaut.

Orientierung – was ist das?

Wo bin ich? Wohin will ich? Wie komme ich dorthin? Das sind die Fragen, die sich bei jedem Ausflug in die Natur stellen. Die Bestimmung des Standortes, die Ausrichtung der Wanderkarte nach den Himmelsrichtungen und die Überlegung, in welche Richtung es weitergehen soll – das nennt man Orientierung.

Die vier Himmelsrichtungen

Die Erde ist eine große Kugel, die sich in 24 Stunden einmal um ihre Achse dreht. Die Drehachse verläuft durch den Nord- und den Südpol. Die vier Himmelsrichtungen heißen Norden, Osten, Süden und Westen. Sie beziehen sich auf die Pole der Erde sowie die Drehrichtung der Erde: Ist eine Himmelsrichtung ermittelt, ergeben sich die anderen von selbst.

Merksatz:
Norden – **O**sten – **S**üden – **W**esten
Nie **O**hne **S**tiefel **W**andern
oder
Nie **O**hne **S**eife **W**aschen

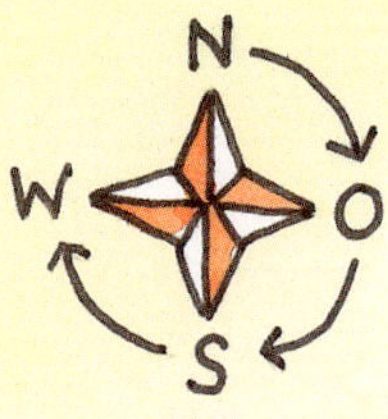

Der Sonnenlauf

Dass wir uns mit der Erdkugel nach Osten drehen, erkennen wir am (scheinbaren) Lauf der Sonne über den Himmel.

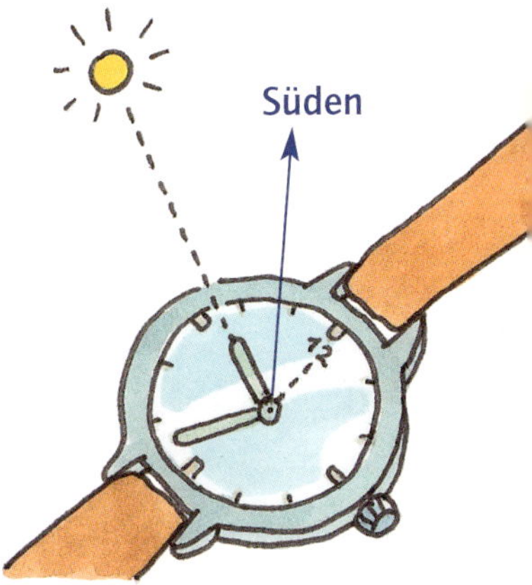

Merksatz:
Im Osten geht die Sonne auf,
im Süden nimmt sie ihren Lauf,
im Westen will sie untergeh'n,
im Norden ist sie nie zu seh'n.

Und hier kommt der Trick mit der Armbanduhr: Hast du eine Uhr mit einem Zifferblatt? Halte sie so, dass der kleine Zeiger auf die Sonne gerichtet ist. Die Südrichtung findest du dann genau in der Mitte zwischen dem Stundenzeiger und der Richtung zur 12 auf dem Zifferblatt (nimm aber immer den kürzeren Weg zur 12.)

Was macht ein Kompass?

Ein Kompass ist ein Instrument, mit dem man auch bei bedecktem Himmel oder nachts ermitteln kann, wo die Himmelsrichtungen liegen. Ein Magnetkompass nutzt dazu das Erdmagnetfeld. Er besteht aus einem Gehäuse, in dem sich ein Zeiger (die Magnetnadel) und eine Markierung der Himmelsrichtungen (die Windrose) befinden. Der Zeiger richtet sich immer in Nord-Südrichtung aus, also zum magnetischen Nord- bzw. Südpol.

Drehst du das Gehäuse so, dass die Magnetnadel parallel zur Nord-Südanzeige auf der Windrose liegt, kannst du die anderen Himmelsrichtungen gleich ablesen. Das Nord-Ende der Magnetnadel ist immer besonders markiert (etwa rot).

Orientierung an anderen Anhaltspunkten

Waldameisen errichten ihre **Ameisenhaufen** meist an der Südseite eines Baumes, um die Sonnenwärme auszunutzen.

Die **Wetterseite** ist die Seite, die dem Wetter am meisten ausgesetzt ist. In Mittel- und Westeuropa kommen Wind und Niederschläge meist aus Nordwest. Der Stamm einzelner, freistehender Bäume ist an der Wetterseite oft grün und mit Moos bewachsen.

Auch **Satellitenschüsseln** an oder auf Häusern sind gute Orientierungshilfen. Sie werden zu den geostationären Satelliten über dem Äquator ausgerichtet, also bei uns ungefähr nach Süden. Geostationär bedeutet, dass die Satelliten – von der Erde aus betrachtet – stillstehen. Tatsächlich bewegen sich die Satelliten aber – genauso schnell wie die Erde.

Die Wanderkarte

Für eine längere Wanderung brauchst du eine Wanderkarte von der Gegend, die du erkunden willst.

Karte einnorden

Oben auf einer Karte ist immer Norden. Halte deine Karte so, dass du die Beschriftung lesen kannst, dann ist unten Süden, links ist Westen und rechts Osten. Um dich in der Wildnis mit Hilfe deiner Karte orientieren zu können, musst du sie so halten, dass der Norden auf der Karte mit dem Norden in der Natur übereinstimmt. Indem du den Kompass auf die Karte legst und diese so lange drehst, bis die Kompassnadel parallel zu den in Nord-Südrichtung (von oben nach unten) verlaufenden Gitternetzlinien zeigt, kannst du deine Karte „einnorden".

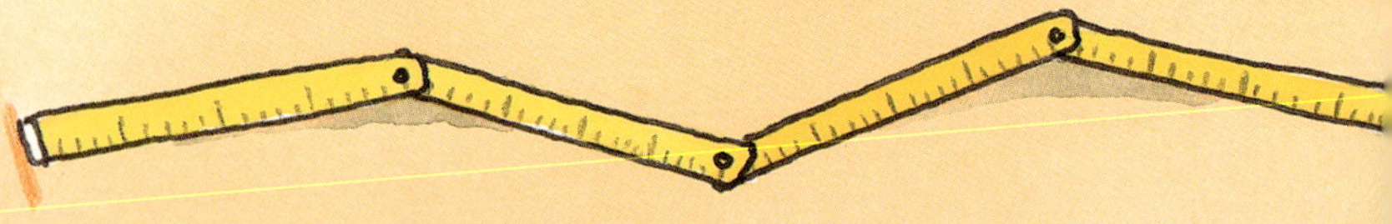

Das Gitternetz

Jede Karte ist von einem Gitternetz überzogen. Die Linien verlaufen von Norden nach Süden und von Westen nach Osten. Das Gitternetz dient zur Ausrichtung der Karte, hilft beim Suchen, zum Beispiel von Straßen, und beim Abschätzen von Entfernungen.

Der Kartenmaßstab

Unter dem Maßstab einer Karte versteht man das Verhältnis zwischen einer Strecke auf der Karte und der tatsächlichen Länge dieser Strecke in der Natur. Wanderkarten haben oft einen Maßstab von 1:50 000. Das heißt: 1 cm auf der Karte sind 50 000 cm, also 500 m, in der Natur.

Die Legende

Am Rand einer jeden Karte befindet sich die so genannte Legende. Dort wird die Bedeutung der verschiedenen Zeichen und Farben erklärt.

Höhenlinien

Für eine Wanderung in den Bergen ist es gut zu wissen, mit welchen Höhenunterschieden du zu rechnen hast. Denn sie beeinflussen deine Geschwindigkeit. Auf deiner Karte kannst du den Verlauf der Höhenlinien sehen. Sie verbinden Punkte gleicher Höhe miteinander. Einige Höhenlinien sind beschriftet, wobei der Fuß der Zahl talwärts zeigt. Der Berggipfel ist als Punkt markiert und mit einer Höhenangabe versehen.

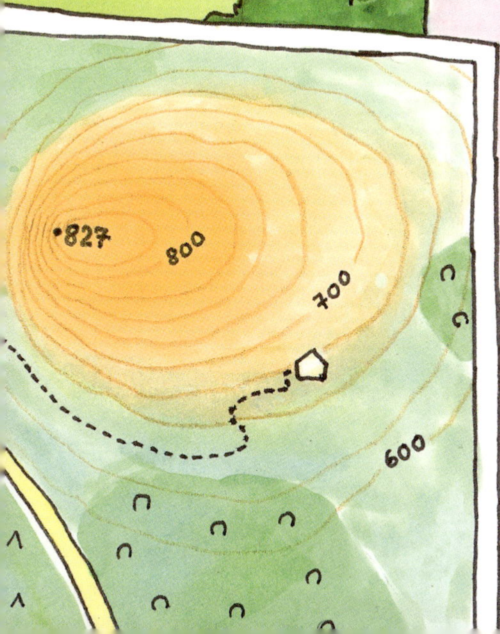

Bergsteiger wissen:

- Liegen die Höhenlinien eng beieinander, ist das Gelände sehr steil und der Weg anstrengend.
- Haben sie einen großen Abstand, steigt das Gelände nur sanft an, und die Wanderung wird leichter.

Wo bin ich?

Hast du eine Karte dabei, weißt aber überhaupt nicht, wo dein Standort ist? Dann hilft dir dieser Tipp weiter:

1. Zunächst musst du deine Karte einnorden (siehe Seite 16).
2. Dann hältst du Ausschau nach einem markanten Geländepunkt, der auch auf der Karte verzeichnet ist, zum Beispiel ein Kirchturm.
3. Verbinde die Richtung zum Kirchturm mit dem Kartensymbol, indem du einen Bleistift oder einen dünnen Zweig entsprechend auf die Karte legst. Dann weißt du, dass du dich irgendwo auf dieser Linie befindest.
4. Wiederhole das Verfahren mit einem zweiten Geländepunkt.
5. Dort, wo deine Linien sich auf der Karte schneiden, ist dein Standort.

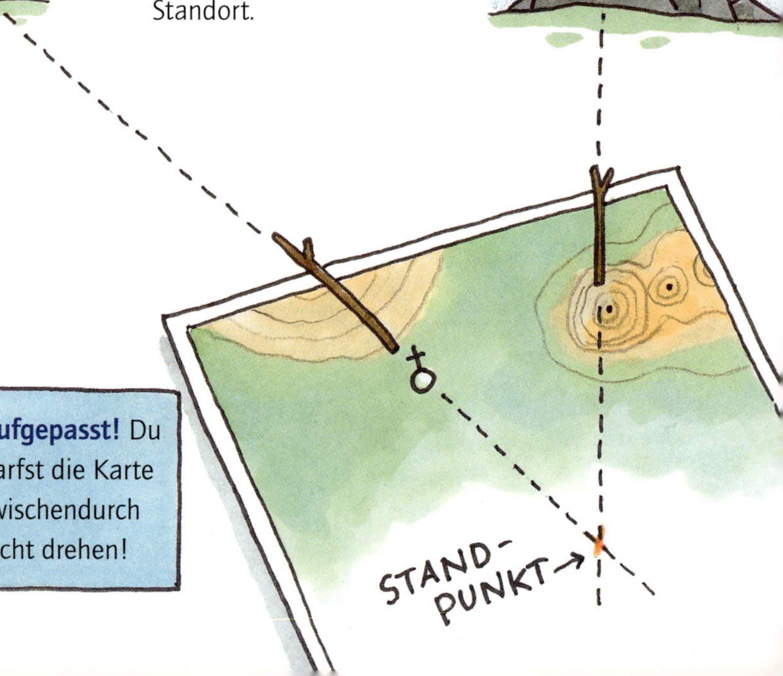

Aufgepasst! Du darfst die Karte zwischendurch nicht drehen!

Entfernungen schätzen

Der Daumensprung

So schätzt du den Abstand zwischen dir und deinem Ziel:

1. Strecke deinen Arm aus, mache eine Faust und stelle den Daumen auf.

2. Schließe ein Auge und peile mit dem offenen Auge am Daumen vorbei eine Kante deines Ziels an.
3. Schließe das Auge und öffne das andere; Kopf, Arm und Daumen nicht bewegen!
4. Der Daumen ist zur Seite gesprungen!
5. Schätze den Abstand zwischen der Daumenkante bei der ersten und bei der zweiten Peilung (zum Beispiel 3 m.)
6. Diesen Abstand multiplizierst du mit 10 (also 3 x 10 = 30 m) und erhältst die ungefähre Entfernung, die du vom Ziel hast.

Wie breit ist der Fluss?

Mit der Napoleon-Methode findest du es heraus:

1. Stelle dich genau gegenüber von einem markanten Punkt, etwa einem Baum, am anderen Ufer auf.
2. Gehe von dort 20 Schritte am Ufer entlang und markiere diese Stelle mit einem Stock in der Erde.
3. Gehe noch einmal 20 Schritte weiter in die gleiche Richtung.

4. Dann biegst du ab, und zwar im rechten Winkel landeinwärts, also vom Fluss weg, bis deine Markierung und der Baum am anderen Ufer in einer Linie liegen.
5. Die Strecke von deinem Standpunkt bis zum Ufer, wo du abgebogen bist, entspricht der Breite des Flusses.

Wie tief ist die Schlucht?

Willst du wissen, ob dein Seil lang genug ist, gehst du so vor:

1. Lasse einen Kieselstein möglichst senkrecht in die Tiefe fallen.
2. Zähle die Sekunden, bis du den Aufschlag hörst.
3. Dann rechnest du: gezählte Sekunden mal gezählte Sekunden mal 5 und du erhältst als Ergebnis die ungefähre Tiefe in Metern.

Tieren auf der Spur

Wildtiere sind scheu. Sobald sie dich hören, sehen oder riechen, verschwinden sie. Trotzdem kann ein geübter Spurenleser viele Hinweise darauf finden, welche Tiere in der Nähe leben.

Fraßspuren

Im Wald finden viele Tiere Nahrung. Überreste ihrer Mahlzeiten entdeckst du am Waldboden.

„Spechtschmiede"

Buntspechte klemmen Nüsse und Zapfen in Baumspalten, um sie zu bearbeiten und die Samen herauszuholen. Am Boden darunter sammeln sich die Reste ihrer Arbeit. Solche Plätze heißen „Spechtschmiede".

Zapfen

Eichhörnchen reißen die Schuppen von den Zapfen. Zurück bleibt eine zerzauste Zapfenspindel. Sind die Schuppen sauber über der Spindel abgenagt, war eine Maus auf Nahrungssuche.

Haselnussschalen

Haselnussbohrer-Weibchen bohren unreife Haselnüsse an und legen jeweils ein Ei hinein. Aus den Eiern schlüpfen Larven, die sich von den Samen ernähren. Wenn sie groß genug sind, verlassen die Käferlarven ihre Kinderstube durch ein kleines, selbst gebohrtes Loch in der harten Nussschale.

„Drosselschmiede"

Drosseln und andere Singvögel benutzen gern immer wieder denselben Stein, um darauf Schneckengehäuse zu zertrümmern und an die Schnecken zu gelangen.

Federn

Viele ausgerupfte Federn sind Zeichen eines Kampfes. Kannst du das Opfer an den Federn erkennen? Und wer war der Jäger? Raubtiere beißen die Federn ab, während Greifvögel sie ausreißen.

ausgerissen

abgebissen

Fährten

Auf weichem, feuchtem Untergrund oder im Schnee kannst du die Fuß- bzw. Hufabdrücke oder die Fährten (so nennt man eine Reihe von Abdrücken hintereinander) der Wildtiere gut erkennen. Hier siehst du einige Beispiele. Vergleiche!

Kaninchen
Marder
Fuchs
Eichhörnchen
Maus
Katze
Igel

Höhlen und andere Tierbauten

Auf deiner Entdeckungstour in der Natur kannst du feststellen, dass sich viele Tiere als begabte Baumeister betätigen. So schaffen sie sichere Verstecke, in denen sie sich ausruhen, ihre Jungen zur Welt bringen und aufziehen.

Vogelnester

Wenn im Herbst die Blätter fallen, kannst du erkennen, wo im Sommer Vögel genistet haben. An der Größe und an der Form lassen sich die Nester unterscheiden und bestimmten Vogelarten zuordnen. Aber nicht nur in Bäumen werden Nester errichtet.

Unterwegs mit dem Fernglas

Was sehe ich am Himmel?

Auf dem Weg zu ihren Brut- oder Überwinterungsplätzen fliegen **Kraniche (1)** in Keilen, ungleichschenkligen Winkeln oder schrägen Reihen. **Graugänse (2)** bilden dagegen V-Formationen. Wenn du in der Dämmerung einen Schwarm Vögel siehst, der an eine große, dunkle Wolke erinnert, die immer wieder ihre Form verändert, könnten es **Stare (3)** sein, die ihre Schlafbäume aufsuchen.

Was sehe ich in den Bäumen?

Im Wald jagen sich die **Eichhörnchen (4)**, manchmal mit weiten Sprüngen von Baum zu Baum. Folgst du einem regelmäßigen Klopfen, wirst du bald auf einen **Specht (5)** treffen. **Kleiber (6)** sind die einzigen Vögel, die kopfüber einen Baumstamm herunter laufen können. **Baumläufer (7)** arbeiten sich dagegen in Kreisen um den Baumstamm herum nach oben vor.

Was sehe ich auf Wiesen und Feldern?

In der Dämmerung kommen die **Rehe (8)** aus der Deckung des Waldes, um zu äsen (= fressen). Dann kannst du auch **Hasen (9)** über die Felder laufen sehen. Hasen sind meist allein unterwegs, wogegen **Kaninchen** immer in großen Familien auftreten.

Spannend ist es, Greifvögel bei der Jagd zu beobachten. Typisch für **Turmfalken (10)** ist der Rüttelflug. **Mäusebussarde (11)** kreisen oft lange Zeit am Himmel. **Habichte (12)** fliegen mit raschen Flügelschlägen und gleiten anschließend dahin.

Was sehe ich an Gewässern?

An Bächen und Gräben lauern **Graureiher (13)** oft völlig regungslos auf Beute. In der Luft sind Graureiher an ihrem S-förmig gebogenen Hals zu erkennen. **Libellen (14)** fliegen hin und her oder bleiben in der Luft stehen. Und bestimmt entdeckst du auch einen **Mückenschwarm** über dem Wasser tanzen.

Unterwegs mit dem Käscher

Setz dich ganz still an einen Teich. Nach einer Weile kommen all die Tierchen wieder hervor, die sich eben vor dir versteckt haben. Um sie zu erforschen, brauchst du einen Käscher.

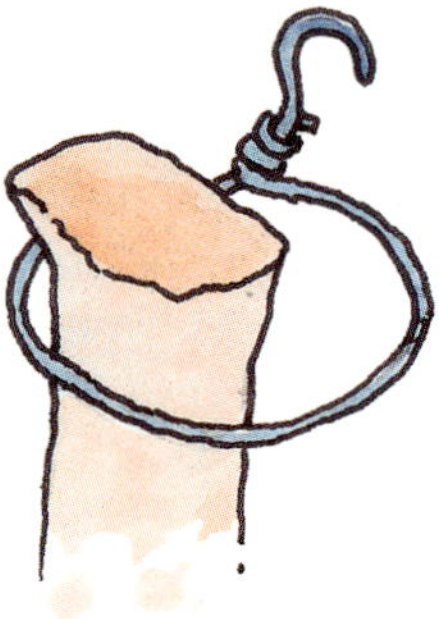

Käscher bauen

Du brauchst:

1 Drahtkleiderbügel (aus der Reinigung), 1 Nylonstrumpf, Nadel, Faden und Schere, 1 Bambusstab, festen Draht.

Aus dem Drahtkleiderbügel biegst du einen Kreis mit einem Durchmesser von etwa 20 bis 25 cm. Dann ziehst du das Strumpfbündchen von innen nach außen über den Drahtrand und nähst es darunter fest. Mit einem Knoten bringst du das Strumpfnetz auf die richtige Länge und schneidest den Rest ab. Dann befestigst du den Drahtbügel mit dem festen Draht am Bambus.

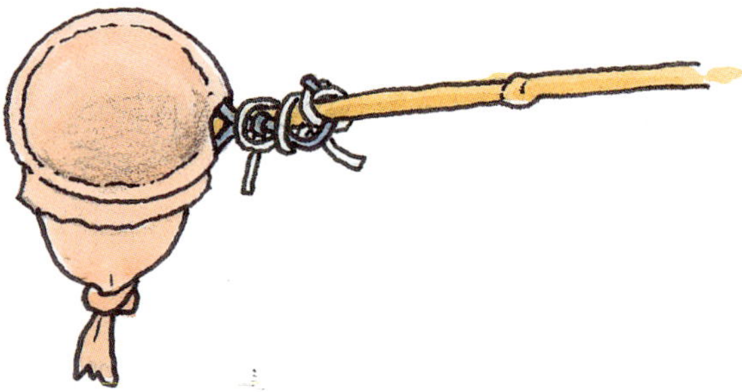

Auf der Pirsch

Beschreibe mit deinem Käscher Achten im Wasser. Zieh den Käscher heraus und entleere den Inhalt vorsichtig in einen Eimer mit klarem Wasser. Dort kannst du deinen Fang in Ruhe beobachten.

Was kann ich fangen?

Auf einer glatten Wasseroberfläche erkennst du vielleicht kleine Dellen. Das Tier, das die Dellen hervorruft, ist ein **Wasserläufer (1)**. **Rückenschwimmer (2)** hängen mit dem Bauch nach oben unter der Wasseroberfläche. Sie können böse stechen. **Gelbrandkäfer (3)** müssen zum Atmen an die Oberfläche kommen. Kurz bevor der Käfer erscheint, steigen an der Stelle Luftbläschen auf.

Wichtig: Denke daran, die Tiere nach wenigen Minuten wieder in ihren natürlichen Lebensraum zu entlassen.

Unterwegs mit der Lupendose

Um kleine Tiere zu beobachten, benutzt du am besten eine Lupendose. Sehr wichtig ist es, die Tiere spätestens nach einer Viertelstunde unversehrt wieder dort auszusetzen, wo du sie gefangen hast.

Krabbeltiere

Krabbeltiere findest du am Boden, auf Pflanzen, unter Steinen oder altem Holz. Alle Spinnentiere, wie zum Beispiel die **Kreuzspinne (1)**, haben acht Beine. Käfer und andere Insekten haben sechs Beine und oft auch Flügel. Auf vielen Blüten findest du **Bockkäfer (2)** mit sehr langen Fühlern. Andere Käfer haben lange Rüssel. Hast du gewusst, dass **Grashüpfer (3)** mit ihren Beinen musizieren können? **Kellerasseln** leben oft unter Steinen und altem Holz. Wie viele Beine haben sie?

Insektenstaubsauger

Du brauchst:

1 durchsichtige Filmdose, 15 cm Plastikschlauch mit etwa 1 cm Durchmesser, 1 Nylonstrumpf.

Teile den Schlauch in zwei gleich lange Stücke. In den Boden und den Deckel der Filmdose schneidest du je ein Loch, in das die Schlauchstücke hineingesteckt werden können. Über das Schlauchende im Deckel ziehst du innen ein Stück Nylonstrumpf und befestigst es, indem du den Deckel schließt.

Das Schlauchstück im Deckel dient als Ansaugrohr. Das andere Schlauchende hältst du über ein Insekt. Durch das Ansaugen mit dem Mund gelangt das Insekt in das Innere der Filmdose. Der Strumpffilter verhindert, dass das Tier in deinen Mund kommt.

Tiere in Not

Immer mehr Wildtiere verlieren ihre natürlichen Lebensräume, ihre Brut- und Nistplätze. Sie finden nicht mehr genug Nahrung oder sind auf andere Weise von Menschen bedroht. Hier findest du Tipps, wie du ihnen helfen kannst.

Ein Garten für Schmetterlinge

Ausgesprochene Schmetterlings-Pflanzen sind der Hornklee, die Glockenblume und die Rote Lichtnelke. Sie haben besonders geformte Blüten, aus denen nur Insekten mit langen Saugrüsseln, wie die Schmetterlinge, Nektar saugen können. Ihre Eier legen die Schmetterlinge auf Pflanzen ab, die später den Raupen als Futter dienen, zum Beispiel auf Brennnesseln. Wenn du solche Pflanzen in Blumentöpfe oder ins Beet setzt, fühlen sich viele Schmetterlinge bei dir wohl.

Hornklee Lichtnelke Glockenblume Brennnessel

Eine Nisthilfe für Wildbienen

Die meisten Bienen leben einzeln. Sie legen Nester an, tragen für ihre Larven Futter hinein und lassen dann die Brut allein. Viele Wildbienenarten nisten in hohlen oder markhaltigen Stängeln.

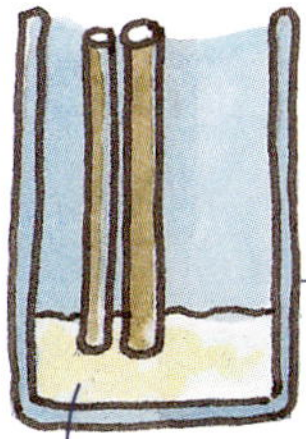

Für eine Nisthilfe besorgst du ein paar möglichst gerade Holunderzweige mit unterschiedlichen Durchmessern, eine Konservendose und etwas Gips. Schneide die Holunderzweige auf die Länge der Konservendose und entferne das Mark mit einem Nagelbohrer. Rühre den Gips an und fülle ihn 2 cm dick in die Dose. Danach schiebst du die Holunderabschnitte dicht an dicht in die Dose und drückst sie dabei fest in die Gipsmasse. Zum Schluss hängst du die Dose waagerecht an eine sonnige, windgeschützte Hauswand mit der Öffnung möglichst nach Süd-Osten.

Achtung, Kröten in Gefahr!

Mitte Februar bis Ende April begeben sich die Erdkröten auf Wanderschaft. Zum Ablegen ihrer Eier versuchen sie, zu dem Gewässer zurückzukehren, in dem sie selbst geschlüpft sind. Doch oft liegen Straßen zwischen ihren Winterquartieren im Wald und dem Laichgewässer. Damit die Tiere nicht überfahren werden, stellen Naturschützer Krötenschutzzäune auf. Die Zäune sind so hoch, dass die Kröten nicht hinüberhüpfen können. Daher wandern sie am Zaun entlang, bis sie in einen eingegrabenen Eimer fallen. Frühmorgens und abends werden die Eimer kontrolliert und die Kröten sicher über die Straße getragen. Manchmal sitzen auch Grasfrösche und Teichmolche darin.

Igel-Häuschen

Igel wohnen am liebsten in Laub- und Reisighaufen, unter Hecken und im Gebüsch. In der Dämmerung machen sie sich auf den Weg und suchen Nahrung.

Für ein einfaches Igelhäuschen brauchst du einige Ziegelsteine und eine 40 x 40 cm große Holzplatte als Dach. Die Grundfläche innen sollte mindestens 30 x 30 cm groß sein, die Höhe mindestens 25 cm betragen und der Eingang nicht kleiner als 10 x 10 cm sein.

Bevor du das Dach aufsetzt, füllst du das Igelhaus mit einer Sandschicht und polsterst es mit trockenem Laub, Stroh oder Heu aus. Um das Igelhaus abzudichten, häufst du noch von außen Erde an und schichtest Laub aufs Dach.

Das Meisenkasten-Projekt

Viele Gartenvögel brüten in Höhlen mit einem kleinen Einflugloch. Aber nicht immer sind genügend geeignete Höhlen vorhanden. Wie wär's, wenn du den Vögeln Nistkästen anbietest?

Je nach Durchmesser des Einfluglochs können unterschiedliche Vogelarten einziehen. Kästen für Meisen sollten ein Loch mit 2,6 bis 3,2 cm Durchmesser haben.

Für den Nistkastenbau werden am besten ungehobelte Bretter (Fichte, Kiefer) verwendet. Die Stärke sollte 20 mm betragen. 5 mm große Löcher im Boden dienen der Belüftung. Die Vorderklappe sollte sich zum jährlichen Reinigen (September) öffnen lassen. Die Außenwände kannst du mit Leinöl oder umweltfreundlichen Farben bemalen. Hänge den Nistkasten in 2 bis 3 m Höhe in Richtung Südosten auf.

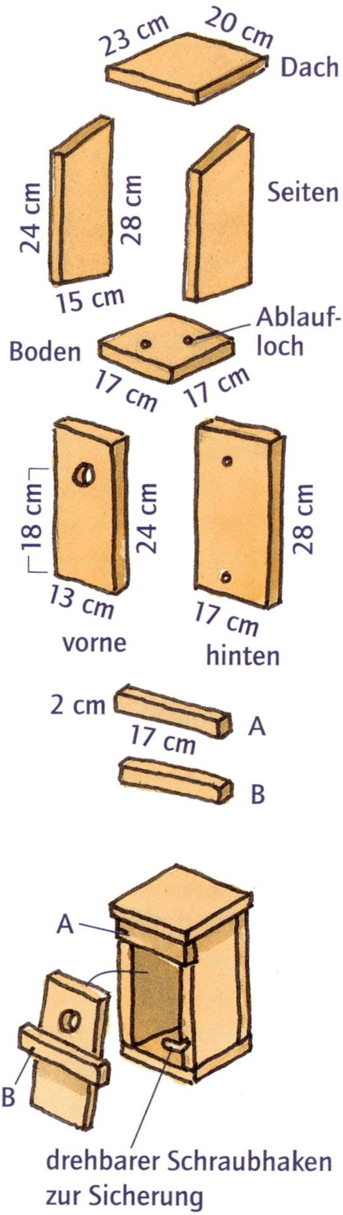

Die Trockenmauer

Das Besondere an Trockenmauern ist, dass sie ohne Mörtel aus Natursteinen aufgeschichtet werden. Dadurch entstehen Spalten, Ritzen und Hohlräume im Inneren, in die Eidechsen, Erdkröten, Mäuse, Hummeln, Wildbienen, Laufkäfer und viele andere Tiere hineinschlüpfen können.

Eine Trockenmauer wird meist schnell von Wildpflanzen besiedelt. Du kannst aber auch selbst welche pflanzen. Dafür füllst du einige Spalten mit etwas Erde und setzt Hungerblümchen, Mauerpfeffer, Thymian oder Hauswurz hinein. Freie Bereiche werden gern von Eidechsen als Sonnenplatz genutzt.

Das Wetter im Augen behalten

In der Wildnis ist es immer ratsam, die Wetterentwicklung im Auge zu behalten. Erfolgreiche Wetterfrösche wissen, wonach sie Ausschau halten müssen.

Der Luftdruck

Wärme, Wind und Wasser sind die Zutaten, die das Wetter bestimmen. Das Wettergeschehen spielt sich in der untersten Schicht der Lufthülle unserer Erde ab. Ein wichtiger Faktor ist der Luftdruck. Er verändert sich immer, bevor sich das Wetter verändert. Darum ist es wichtig, immer wieder einen Blick aufs Barometer zu werfen.

Was das Barometer verrät:

- Steigt der Luftdruck, wird das Wetter klarer und schöner.
- Sinkt der Luftdruck, wird's regnerischer.
- Ändert sich der Luftdruck besonders schnell, kann ein Sturm aufziehen.

Beobachte den Himmel!

Kondensstreifen

Die weißen, schmalen Wolkenstreifen, die sich hinter Flugzeugen bilden, nennt man Kondensstreifen. Sie entstehen aus den Abgasen der Flugzeuge, die zu Eiskristallen gefrieren. Wenn die Kondensstreifen lange zu sehen sind, bedeutet dies meist, dass wärmere, feuchte Luft heranzieht und sich das Wetter bald ändert.

Sonne oder Mond mit Hof

Manchmal siehst du um Sonne oder Mond einen farbigen Ring, den „Hof". Er wird durch eine dünne Wolkenschicht aus Eiskristallen hervorgerufen und kündigt Niederschläge an.

Die Farbe des Himmels

Abendrot verspricht trockenes, schönes Wetter, Morgenrot kündigt eine Wetterverschlechterung an. Ist der Morgenhimmel grau, wird's schön, ist er tiefblau, wird's nass.

Beobachte die Tiere!

Tiere fühlen einen Wetterwechsel, Gewitter oder Sturm lange vor uns Menschen und reagieren entsprechend.

So kündigt sich schönes Wetter an:	So kündigt sich schlechtes Wetter an:
Frösche quaken und Grillen zirpen am Abend.	Seevögel fliegen lange vor einem aufkommenden Sturm ins Landesinnere.
Glühwürmchen fliegen auf der Wiese umher.	Bienen kehren vor einem aufziehenden Gewitter in ihre Bienenstöcke zurück.
Schwalben fliegen hoch am Himmel und fangen dort Insekten.	Fische springen aus dem Wasser, um tief fliegende Insekten zu fangen.
Spinnen arbeiten an ihren Netzen.	Mücken sind besonders lästig.

Beobachte die Pflanzen!

Pflanzen reagieren besonders auf hohe Luftfeuchtigkeit. Bei trübem, regnerischem Wetter öffnen Löwenzahn und Ringelblume ihre Blütenkelche erst gar nicht. Gänseblümchen und Hahnenfuß nehmen sogar tagsüber ihre Schlafstellung ein. Die Pflanzen versuchen dadurch, ihren Samen vor Nässe zu schützen. Öffnen sich die Blüten dagegen, wird das Wetter trockener und sonniger.

Gänseblümchen

Löwenzahn

Ringelblume

Beobachte die Wolken!

Ganz verschiedene Wolken

Wolken bestehen aus Wassertröpfchen und Eiskristallen, die in der Luft schweben. Sie entstehen, wenn sich feuchte Luft abkühlt. Werden die Wassertröpfchen zu groß und zu schwer, fallen sie als Regen oder Schnee zur Erde. Niederschläge kündigen sich durch die Wolkenbilder an.

Es gibt drei Wolkenfamilien:

1. Haufenwolken (Cumulus)
2. Schichtwolken (Stratus)
3. Schleierwolken (Cirrus)

Wenn du die Wolken am Himmel einer Wolkenfamilie richtig zuordnest, kannst du die Wetterentwicklung in den nächsten Stunden und sogar darüber hinaus einschätzen.

So heißen die Wolken:	So sehen die Wolken aus:	So wird das Wetter:
Haufenwolken (Cumulus)	Sie sehen wie dicke Wattebäusche aus.	Schön.
Schichtwolken (Stratus)	Sie breiten sich wie eine glatte, graue Decke über den Himmel aus.	Wenn die Wolkenschicht dichter wird, kann Nieselregen fallen.
Haufenschichtwolken (Stratocumulus)	Sie bilden eine Decke aus einzelnen, kleinen Wolkenhaufen.	Es bleibt erst einmal trocken.
Regenwolken (Nimbostratus)	Sie bilden eine mächtige, dunkelgraue Wolkenschicht. Darunter ziehen oft Wolkenfetzen.	Diese Wolken bringen stärkeren Regen.
Gewitterwolken (Cumulonimbus)	Das sind riesige Wolkentürme, denen du beim Wachsen zusehen kannst.	Hochgetürmte Gewitterwolken künden ein baldiges Gewitter an.
Schleierwolken (Cirrus)	Sie sehen wie Spuren weggefegter Wolken aus.	Es regnet erst einmal nicht.

Beobachte den Wind!

Oft bestimmt der Wind, was du unternehmen kannst. Wenn du eine Radtour machen willst, ist der Wind eher lästig. Willst du dagegen einen Drachen steigen lassen, brauchst du genügend Wind.

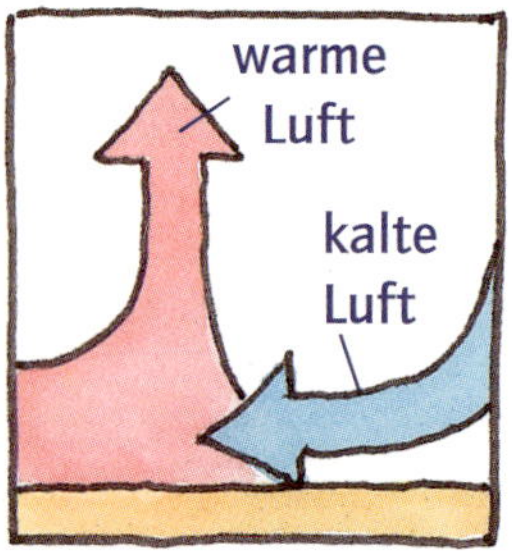

Was ist Wind eigentlich?

Wind ist Luft, die sich bewegt. Wenn Luft erwärmt wird, steigt sie in die Höhe. Gleichzeitig strömt kalte Luft nach. Je größer der Temperatur-Unterschied zwischen kalter und warmer Luft ist, umso stärker weht der Wind.

Wie stark weht der Wind?

Beobachte, was der Wind mit dem Rauch aus den Schornsteinen, mit Fahnen und Wimpeln oder mit den Ästen der Bäume macht. Auf dem Wasser orientierst du dich an den Wellen.

Die Beaufort-Skala

Die Windstärke wird auf der so genannten Beaufort-Skala in Stufen von 0 bis 12 angegeben. Hier die wichtigsten Stufen auf einen Blick:

Beaufort:	Bild:	Name:	Beschreibung an Land:	Beschreibung am Wasser:
0		Windstille	keine Luftbewegung, Rauch steigt senkrecht auf	spiegelglatte See
2		schwacher Wind, leichte Brise	bewegt Blätter und Wimpel, Wind im Gesicht fühlbar	kleine Wellen
4		mäßiger Wind, mäßige Brise	bewegt kleine Zweige, streckt schwere Wimpel	Wellen noch klein, aber länger, Schaum tritt ziemlich häufig auf
6		starker Wind	bewegt große Zweige, Fahnen knattern, Wind singt in Drähten	Bildung großer Wellen beginnt, Kämme brechen, größere weiße Schaumflächen, etwas Gischt
8		stürmischer Wind	bewegt große Bäume, Zweige brechen ab, erhebliche Behinderung beim Gehen	mäßig hohe Wellenberge, Gischt beginnt abzuwehen, Schaum legt sich in Streifen in Windrichtung, Wellenkämme brechen
10		schwerer Sturm	Bäume brechen, Häuser werden beschädigt	sehr hohe Wellenberge mit langen, überbrechenden Kämmen, See weiß durch Schaum, Rollen der See schwer und stoßartig
12		Orkan	Verwüstung von Häusern und Wäldern	Luft mit Schaum und Gischt angefüllt, See vollständig weiß

Ein guter Lagerplatz

Wenn Regen droht oder du länger in der Wildnis unterwegs bist, ist es gut zu wissen, wo du dich unterstellen oder wie du einen Unterschlupf bauen kannst. Wähle deinen Lagerplatz dafür sorgfältig aus.

Ideal ist ein Lagerplatz mit einem trockenen, ebenen Boden an windgeschützter Stelle. Schaffe Steine und Dornen beiseite. Trockenes Laub, Heu oder Fichtennadeln bilden eine weiche und warme Unterlage.

Schnell ins Trockene!

Schau dich nach dichten Nadelbäumen um, deren Zweige bis zur Erde reichen. Dort ist der Boden immer weich und schön trocken. Oder: Spanne dein Seil von Baum zu Baum und lege deine Plane darüber. Die Ecken spannst du schräg zur Seite ab, indem du sie zum Beispiel mit Steinen beschwerst.

Schutzdach

Die einfachste Form eines richtigen Schutzdaches ist ein stabiles Geflecht aus Ästen und Zweigen, das du schräg an eine Mauer, einen Holzstoß oder an zwei Bäume lehnen kannst. Zur Abdichtung eignen sich Baumrinden, Gras, Laub oder Zweige von Tannen und Fichten. Achte darauf, dass du unter dem Schutzdach im Windschatten sitzt.

Weidenhütte

Weidenbauwerke errichtest du im frühen Frühjahr. Denn dann gibt es in vielen Gemeinden Weidenschnittaktionen, sodass du von Naturschutzgruppen oder kommunalen Bauhöfen Weidenruten bekommen kannst.

Markiere deinen Grundriss. Entlang der Markierung hebst du 40 cm tiefe Löcher aus, steckst dickere Äste in ca. 80 cm und dünnere Ruten in 20 cm Abstand hinein und füllst die Löcher wieder mit Erde. Feststampfen nicht vergessen! Anschließend biegst du die Ruten und bindest sie oben zusammen. Sind deine Weiden erfolgreich angewachsen, kannst du die neuen Triebe einbinden oder einflechten, damit es schön dicht wird.

Bitte die Tür nicht vergessen!

Indianer-Tipi

Ein Tipi hat auch einen runden Grundriss. Markiere einen Kreis von mindestens 1,5 m Durchmesser. Am einfachsten geht das, wenn du dir aus einem dicken Pflock, einer Schnur und einem dünnen Stöckchen einen Zirkel baust (Länge der Schnur = halber Durchmesser).

Stecke 3 m lange und 3 bis 5 cm dicke, gerade Äste oder Stangen am Kreis entlang schräg in den Boden. Binde sie über dem Zeltmittelpunkt in der gewünschten Höhe zusammen, sodass die Enden überstehen. Zum Schluss legst du Decken über das Gerüst und bindest sie fest.

Baumhaus

Ein Baumhaus ist ein größeres Bauvorhaben. Als Erstes suchst du einen großen, gesunden Baum mit ausladenden Ästen und fragst seinen Besitzer, ob du darin ein Haus bauen darfst.

Beginne mit dem Bau einer Plattform. Dann folgt der weitere Aufbau. Lass dir unbedingt von einem Erwachsenen helfen! Mit Nägeln schaffst du feste Verbindungen, die möglichst wenig hin- und herwackeln sollen. Achte bei der Befestigung von Seilen darauf, dass sie nicht ständig an der Rinde scheuern. Dadurch kann dein Baum auf die Dauer so stark geschädigt werden, dass er stirbt.

Die Strickleiter

Um in dein Baumhaus klettern zu können, brauchst du eine Strickleiter. Dafür besorgst du dir zwei lange Seile und 5 bis 6 stabile Rundhölzer oder Äste für die Sprossen. Die Sprossen sollten 40 cm breit sein und einen Abstand von etwa 35 cm haben. Lege die Seile parallel am Boden aus und befestige die Sprossen links und rechts mit Flaschenknoten. Die lassen sich leicht verschieben, sodass du die Sprossen rechts und links auf die gleiche Höhe bringen kannst.

So wird der Flaschenknoten geknüpft:

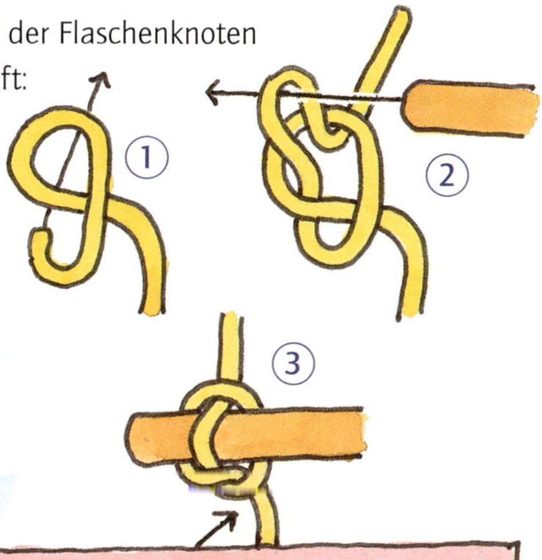

Wichtig: Achte darauf, dass die kleine Schlinge unten liegt. Denn der Knoten ist nur in eine Richtung belastbar.

Das Lagerfeuer

Wenn es am Abend kühler und dunkel wird, ist es schön, am Lagerfeuer zu sitzen.

Sicherheit

- Nur gemeinsam mit einem Erwachsenen ein Feuer entfachen!
- Ausschließlich an ausgewiesenen Grillplätzen mit genügend Abstand zu allem Brennbaren!
- Ein Feuer niemals unbeaufsichtigt lassen!
- Immer einen Eimer Löschwasser bereithalten!
- Sorgfältig löschen!

Welches Brennmaterial?

- Zunder (Papier, Hälmchen) zum Anzünden
- dünne Zweige zur Hitzeentwicklung
- dicke Äste, um Glut fürs Kochen und Wärmen zu erzeugen

Außer Birkenholz brennt nur trockenes Holz.

Holz aufschichten

Schichte Zweige und Äste in Pyramidenform auf. Die stärkeren Hölzer werden auf der dem Wind abgewandten Seite angelehnt. An der Windseite lässt du die Öffnung zum Anzünden frei. So werden die Flammen gleich in den Holzstoß gedrückt.

Das Feuer anzünden

Bei Sonnenschein kannst du mit einer Lupe Feuer machen. Halte sie so, dass ein möglichst kleiner Lichtfleck auf den Zunder fällt.

Wichtig: Halte dabei niemals deine Hand unter die Lupe. Du könntest dich verbrennen.

Das Feuer löschen

- Verteile das restliche Brennmaterial mit einem Stock.
- Gieß Wasser darauf, bis nichts mehr dampft.
- Gib Erde oder Sand darüber.
- Vergewissere dich, dass das Feuer auf keinen Fall wieder aufflammen kann!

Stockbrot

Für 8 bis 10 hungrige Abenteurer brauchst du:
1000 g Mehl, 150 g Zucker, 1 Teelöffel Salz, 150 g weiche Butter, 300 ml Milch, 2 Eier, 1 Würfel Hefe, nach Geschmack frische Kräuter, geröstete Zwiebeln oder Schokoladenstückchen.

1. Gib alle Zutaten in eine Schüssel, krümele die Hefe dazu und knete alles gut durch.
2. Nun muss der Teig etwa eine Stunde an einem warmen Ort „gehen".
3. Rolle ihn dann zu 2 cm dicken und 30 cm langen „Würstchen", die du jeweils nicht zu eng um die Stockspitze eines fingerdicken Haselnusszweiges wickelst.
4. Jetzt einfach so lange über die Glut halten und dabei drehen, bis das Brot goldgelb gebacken ist und sich leicht schieben lässt. Guten Appetit!

Was man sonst noch backen und grillen kann

Backkartoffel

Kartoffeln mit Schale in Alufolie wickeln und in die Glut legen. Ab und zu mit einer Gabel hineinstechen und prüfen, ob sie weich sind. Kräuterquark oder Butter schmecken prima dazu.

Marshmallows

Nur kurz rösten und nicht direkt in die Flamme halten. Vorsicht: Sie fangen sehr schnell an zu brennen!

Grillbanane

Bananen jeweils in zwei Hälften teilen und längs aufspießen. Fünf Minuten rösten, dann mit einem Tuch auf einen Teller ziehen. Mit einem Klecks Nuss-Nougat-Creme ein Hochgenuss!

Maiskolben

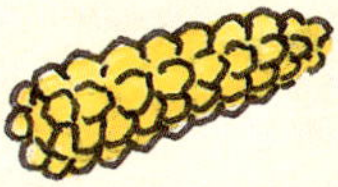

Ganze Maiskolben mit Blättern für etwa eine halbe Stunde in die Glut legen. Zwischendurch wenden. Wenn die Körner gar sind, Blätter entfernen, mit Butter bepinseln und salzen.

Der Hobo-Ofen

Der Hobo-Ofen verdankt seinen Namen den nordamerikanischen Wanderarbeitern zur Zeit der Wirtschaftskrise in den 1930er Jahren. Sie haben den Ofen aus einer Konservendose gebaut und als Herd und Heizung verwendet.

Bauanleitung

Schneide mit einem Dosenöffner Deckel und Boden von einer großen Konservendose ab. Dann pikst du mit einem Dosenmilchöffner am oberen und unteren Rand rundherum Löcher. Lass dir von einem Erwachsenen helfen. Nun stellst du die Dose auf feuerfesten Boden, legst Brennmaterial hinein, zündest es an und stellst einen Kochtopf, einen Wasserkessel oder eine Bratpfanne auf den Ofen. Damit das Feuer nicht ausgeht, immer wieder kleine Stöckchen nachlegen.

Bannock, das Trapperbrot

Für 2 bis 3 Fladen brauchst du:

2 Tassen Mehl, 2 TL Backpulver, $\frac{1}{2}$ TL Salz, $\frac{1}{2}$ Tasse Wasser, Pflanzenöl für die Pfanne.

1. Knete die Zutaten zu einem festen Teig und teile ihn in Portionen.
2. Dann formst du etwa fingerdicke Fladen, die gut in deine Pfanne passen.
3. Die Fladen werden in heißem Pflanzenöl von beiden Seiten goldbraun und knusprig gebacken. Am besten schmeckt Bannock ganz frisch und noch warm.

Tipp: Du kannst auch kleine Bannock-Brötchen backen. Mit Käse überbacken oder einfach mit Marmelade bestrichen, ergeben sie eine leckere Trappermahlzeit.

Leckeres aus der Natur

In der Natur gibt es viele leckere Pflanzen. Iss jedoch nur, was du genau kennst, und niemals Pflanzen, die nahe an Straßen, an Bahndämmen, an staubigen Wegen oder frisch gedüngten Feldern wachsen.

Holunderlimonade

Die weißen Blüten des Schwarzen Holunder bilden im Juni zusammen bis zu 15 cm breite Schirme. Pflücke sechs bis acht frisch aufgeblühte Blütenschirme und schüttele sie gut aus. Dann gibst du einen Liter Wasser in eine Glaskanne, löst darin zwei Teelöffel Zucker auf und hängst die Holunderblüten sowie zwei ungespritzte Zitronenscheiben in das Wasser. Mit einem Tuch abgedeckt, lässt du das Ganze ein paar Stunden in der Sonne ziehen. Dann wird die Limonade gekühlt und durch ein Teesieb in Gläser gefüllt.

Bärlauchquark

In feuchten Laubwäldern wächst der Bärlauch. Er riecht nach Knoblauch und blüht im Mai. Rühre 250 g Quark mit etwas Milch glatt, würze mit Kräutersalz und Pfeffer und mische eine Hand voll klein gehackter Bärlauchblätter und ein hart gekochtes, klein geschnittenes Ei unter.

Beerenkompott

Aus bekannten Beerenfrüchten, zum Beispiel **Walderdbeeren (1)**, **Blaubeeren (2)**, **Preiselbeeren (3)**, **Himbeeren (4)** und **Brombeeren (5)**, kannst du mit wenig Wasser einen leckeren Kompott kochen. Iss die Beeren niemals direkt vom Strauch. Es könnten die gefährlichen Fuchsbandwurm-Eier darauf liegen.

1

2

3

4

5

Zum Knabbern

Im Wald findest du reife **Walnüsse (6)**, **Haselnüsse (7)** und **Bucheckern (8)**. Knacke sie zwischen zwei Steinen.

6

7

8

Eine Nachtwanderung

Eine Nachtwanderung ist ein besonders spannendes Abenteuer. Nimm auf jeden Fall einen Erwachsenen mit, der sich in der Gegend auskennt. Wenn mehrere Kinder mitkommen: immer zusammenbleiben!

Zur Ausrüstung gehören warme Kleidung, Proviant und eine Taschenlampe für jeden. Pack am besten auch ein rotes, durchscheinendes Tuch ein. Das kannst du vor deine Taschenlampe halten, wenn ein kurzer Blick auf die Karte notwendig ist. So brauchen sich deine Augen nicht immer wieder umzugewöhnen – von hell nach dunkel und umgekehrt.

Nachtaktive Tiere und Pflanzen

Tiere, die nachts auf Nahrungs- oder Partnersuche gehen und tagsüber ruhen, nennt man nachtaktiv. Viele nachtaktive Tiere können besonders gut riechen oder hören. Wenn du dich leise verhältst, kannst du einigen begegnen, etwa **Marder (1)**, **Eule (2)**, **Haselmaus (3)** und **Igel (4)**.

Vielleicht siehst du auch ein paar **Glühwürmchen (5)**. Das sind kleine, leuchtende Käfer. Nur die Männchen können fliegen. Die Weibchen leuchten im Gras oder im Gebüsch.

Gespenstisch leuchtende Tieraugen siehst du, wenn der Lichtstrahl deiner Taschenlampe einem Nachttier in die Augen fällt. Die Netzhaut im Auge der Tiere ist mit einer Schicht überzogen, die das Licht zurückwirft. Bei Katzen leuchten die Augen grün.

Nachtblüher und Nachtfalter

Es gibt Pflanzen, die ihre Blüten erst in der Dämmerung und nachts öffnen. Mit ihrem Duft locken sie nachtaktive Insekten an, von denen sie bestäubt werden.

In der Abenddämmerung blühen die großen, gelben **Nachtkerzen** auf. Auf Schuttplätzen oder an Bahndämmen findet man sie häufig. Du kannst dabei zuschauen, wie sich die Blüten entfalten. Nach zwei Nächten sind sie verblüht.

Tagsüber sind die Blüten des **Nickenden Leimkrauts** geruchlos. Nachts entströmt ihnen Hyazinthenduft, der **Eulenfalter** anlockt. Nach zwei bis drei Nächten verwelken die Blüten. Die Eulenfalter ruhen am Tage, wie die meisten Nachtfalter.

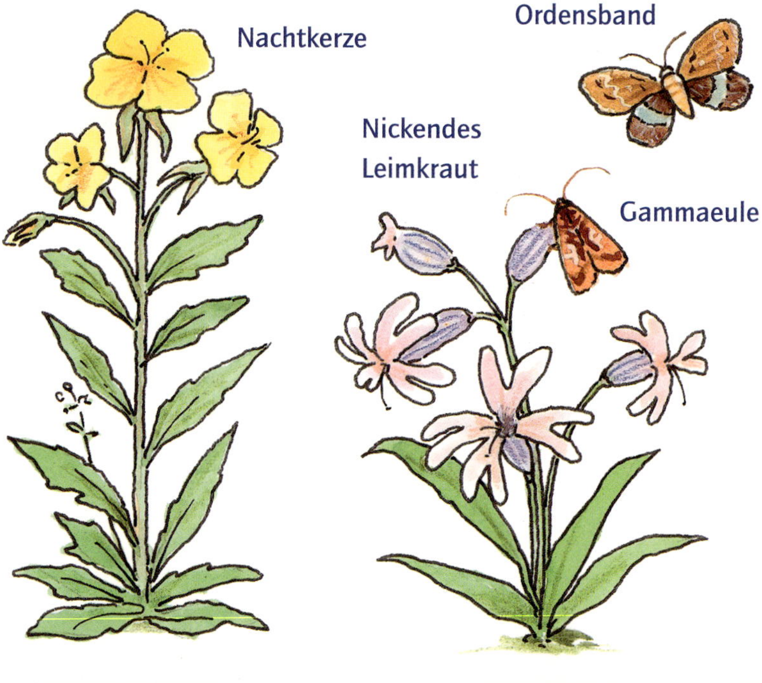

Die Blüten des **Gemeinen Seifenkrautes** werden von Nachtfaltern (vor allem von Schwärmern) besucht. Nur sie gelangen mit ihren langen Saugrüsseln an den Nektar. Für **Schwärmer** typisch ist, dass sie beim Saugen im Schwirrflug vor der Blüte in der Luft stehen bleiben können.

Tipp: Wenn du als Waldläufer deine Wäsche waschen möchtest, suche nach Seifenkraut. Mit einem angeschnittenen Stück des Wurzelstocks kannst du deine Wäsche einschäumen.

Sommernachts-Levkojen duften nach Vanille. Tagsüber sind die violetten Blüten zwar geöffnet, aber duftlos. Nachts entströmt den Blüten ein angenehmer Duft, der die Nachtfalter von weit her anlockt.

Fledermäuse

Fledermäuse sind die bekanntesten nachtaktiven Tiere. Vom Frühjahr bis in den Herbst kannst du sie bei ihrer nächtlichen Jagd beobachten. Tagsüber ziehen sie sich zum Schlafen in Höhlen, Felsspalten, hohle Bäume oder auch auf Dachböden und Kirchtürme zurück. Wenn der Winter kommt und die Insekten knapp werden, fliegen die Fledermäuse in ihre Winterquartiere und halten Winterschlaf.

Bei der Jagd verlassen sich die Fledermäuse auf ihr Gehör. Sie stoßen für uns unhörbare Ultraschalllaute aus. Ein Hindernis und sogar die kleinsten Beutetiere erkennen sie anhand des zurückgeworfenen Schalls.

Wasserfledermäuse sind nachts an Teichen und Seen unterwegs. Sie fliegen dicht über dem Wasser auf und ab und verlassen ihre Flugbahn nur, um nach Beuteinsekten zu schnappen, zum Beispiel Mücken und Fliegen.

Gleich nach Sonnenuntergang verlassen die **Breitflügelfledermäuse** ihre Quartiere. Sie fliegen mit langsamem und ruhigem Flügelschlag. Ihre Jagdgebiete sind Gärten und Parks. Sie fangen auch Insekten, die vom Licht der Straßenlaternen angelockt werden. Leg dich mal auf die Lauer!

Mit angelegten Flügeln passt eine **Zwergfledermaus** in eine Streichholzschachtel. Zwergfledermäuse jagen in Parks, am Ufer von Gewässern oder an Waldrändern nach Insekten. Mit schnellen Zickzackflügen verfolgen sie ihre Beute auf engstem Raum.

Sterne und Galaxien

Wenn du dich im Dunkeln abseits von Straßenlaternen und Häusern, also am besten auf dem Land, befindest, lohnt ein Blick an den Sternenhimmel.

Siehst du den **Großen Wagen**? Er besteht aus sieben hellen Sternen. Man kann sich bei der Anordnung dieser Sterne die Figur eines alten Pferdewagens oder eines Handwagens mit Rädern und Deichsel vorstellen. Der Große Wagen ist ein Teil des Sternbildes **Großer Bär**.

Den **Polarstern** findest du, indem du den Abstand der hinteren beiden Sterne des Wagenkastens fünfmal verlängerst. Den Großen Wagen kannst du bei uns in jeder klaren Nacht finden, allerdings nicht immer in der gleichen Stellung.

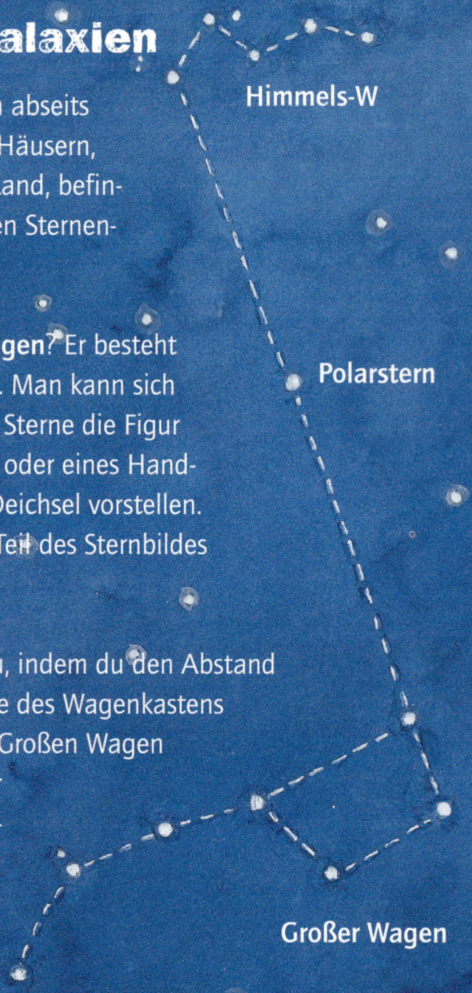

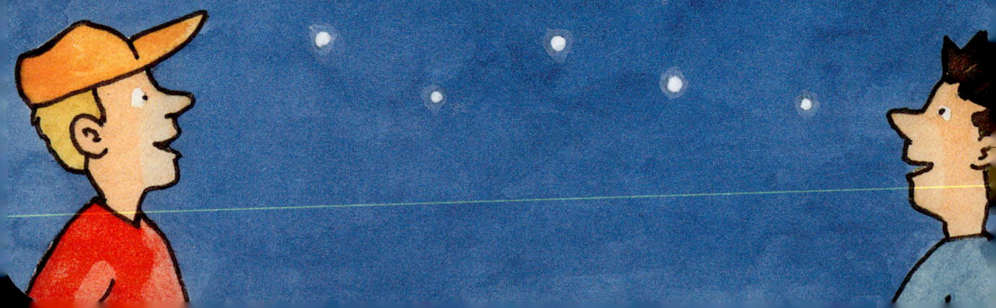

Bekannt ist auch das **Himmels-W**. Um dieses Sternbild zu finden, verlängerst du die gedachte Linie vom Großen Wagen zum Polarstern um das Doppelte.

Dort siehst du in dunklen Nächten auch die **Milchstraße**, das milchig leuchtende Band aus Millionen von Sternen, das sich quer über den Himmel erstreckt. Die Milchstraße ist die „Kante" unserer Milchstraßen-Galaxie, dem Sternensystem, in dem wir leben.

Das Universum ist voll von Galaxien. Eine davon kannst du in dunklen Herbstnächten mit bloßem Auge entdecken. Die rechte Hälfte des Himmels-Ws zeigt auf das nebelige Fleckchen. Es ist die **Andromeda-Galaxie**. Sie ist zwei Millionen Lichtjahre von der Erde entfernt.

Der Mond

Der Mond ist unser Nachbar im All. Er ist etwa 384 000 km von der Erde entfernt. Im Vergleich zu den Entfernungen zu anderen Himmelskörpern ist das ein Katzensprung. Innerhalb eines Monats umkreist der Mond die Erde.

Er leuchtet nicht selbst. Er wird von der Sonne angestrahlt. Im Laufe eines Monats sieht er immer anders aus. Wie kommt das? Genau wie die Erde hat auch der Mond eine beleuchtete, helle Tag- und eine unbeleuchtete, dunkle Nachtseite. Weil der Mond sich um die Erde bewegt, bekommen wir unterschiedlich viel von der beleuchteten Seite zu sehen.

So sieht der Mond im Laufe eines Monats aus:

Zunehmend oder abnehmend?

Ob der Mond gerade abnimmt, erkennst du daran, dass sein Bogen wie beim Buchstaben a auf der linken Seite liegt. Bei zunehmendem Mond liegt der Bogen auf der rechten Seite.

Mondtäuschung

Nahe am Horizont sieht der Mond größer aus. Das ist eine optische Täuschung. Prüfe sie nach: Stanze mit einem Locher ein Loch in eine Postkarte. Dann hältst du sie mit ausgestrecktem Arm in Richtung Mond. Egal wo der Mond steht, er passt immer in das Loch.

Vollmond

Bei Vollmond und wolkenlosem Himmel brauchst du keine Taschenlampe. Die Mondoberfläche ist so hell, dass sie einen großen Teil des Sonnenlichts zur Erde zurückwerfen kann.

Verirren

Die wichtigste Regel: Ruhe bewahren! Ist niemand in der Nähe, den du nach dem Weg fragen könntest, gehst du so vor:

- Halte Ausschau nach auffälligen Gebäuden (zum Beispiel Kirchtürmen)!
- Spitze die Ohren! Denn auch Geräusche (etwa Autolärm von einer großen Straße) können dir weiterhelfen.
- Gehe in Fließrichtung der Bäche oder Flüsse! Dann triffst du irgendwann mit Sicherheit auf Menschen.

Bei Nebel wird es schwieriger. Halte dich möglichst an eine Wegmarkierung und sorge dafür, dass du die letzte sichere Markierung wieder erreichen kannst. Baue dafür Steinmännchen am Wegesrand oder male Pfeile auf den Boden.

Ich hab Durst!

Zur Not kannst du wochenlang hungern, ganz ohne Wasser verdurstest du aber schon innerhalb weniger Tage. Deshalb ist es wichtig, in Notsituationen möglichst bald Wasser zu finden.

Wasser sammelt sich immer an der tiefsten Stelle. Suche also in Tälern, Löchern und ausgetrockneten Flussbetten. Findest du nur feuchten Sand, kannst du aus ihm Wasser hervorzaubern.
Grabe dazu eine Grube, stelle ein Glas hinein und spanne eine Folie darüber. Auf die Folie legst du direkt über dem Glas einen kleinen Stein, sodass die Folie durchhängt. Bei Sonnenschein verdunstet das Wasser aus dem Sand, wird von der Folie aufgefangen und tropft in das Glas.

Gefahr durch Gewitter

Haufenwolken, die zu riesigen Wolkentürmen in die Höhe wachsen, sind sichere Anzeichen für ein nahendes Gewitter. Auch Schwüle mit aufkommendem Wind und natürlich Donnergrollen deuten auf ein Gewitter hin.

Bei den ersten Anzeichen heißt es: Weg vom Wasser und Schutz suchen! Häuser und Schutzhütten mit Blitzschutzanlagen sowie Autos sind sichere Orte. Auch mitten im Wald unter kleineren Bäumen bist du relativ sicher.

Das musst du dringend beachten:

- Bilde nie den höchsten Punkt in der Umgebung!
- Meide unbedingt allein stehende Bäume!
- Halte Abstand zu allen Metallgegenständen (auch Fahrrädern)!
- Meide das offene Gelände, Bergspitzen oder Türme.
- Raus aus dem Wasser! Ein Blitz kann noch im Umkreis von 100 m von der Einschlagstelle lebensbedrohliche Folgen haben, denn Wasser leitet den Strom besonders gut.

Wenn du von einem Gewitter überrascht wirst

Gehe in die Hocke, die Füße ganz dicht beieinander, umschlinge die Beine mit den Armen und ziehe den Kopf ein. Halte mindestens 5 m Abstand von allen Gegenständen aus Metall.

Was tun bei einem Waldbrand?

Je länger es heiß und trocken ist, desto höher ist die Waldbrandgefahr. Wenn's brennt, sofort die Feuerwehr unter 112 alarmieren und Folgendes übermitteln:

- Wo brennt es?
- Wie ist das Ausmaß des Brandes?
- Was brennt genau?
- Sind Personen verletzt?
- Wie kommt man am besten zur Brandstelle?
- Wo ist dein Standort?

Wenn du dich dabei nicht selbst gefährdest, versuchst du, kleine Brandstellen

- auszutreten,
- auszuschlagen, etwa mit langen Nadelbaumästen,
- mit Sand, Kies oder Erde abzudecken
- oder, falls vorhanden, mit einem Feuerlöscher zu löschen.

Wichtig: Bei Gefahr bringst du dich sofort gegen den Wind in Sicherheit. Und: Feuer wandert meist nach oben. Suche also unten Sicherheit.

Begegnungen mit wilden Tieren

Die meisten Wildtiere laufen weg, wenn sie einen Menschen sehen. **Wildschweinmütter**, die Junge haben und sie beschützen wollen, greifen dagegen an. Dann hilft nur eins: Nichts wie weg!

Ist ein **Fuchs** zutraulich, gehe ihm aus dem Weg. Hat er auch noch Schaum vorm Maul, ist das ein sicheres Anzeichen für Tollwut. Durch einen Biss kann er die Krankheit auf dich übertragen. So schnell wie möglich zum Arzt!

Nach einem Waldspaziergang solltest du dich am ganzen Körper nach **Zecken** absuchen. Wenn die kleinen Tiere dein Blut saugen, können sie Krankheiten übertragen. Hat sich eine Zecke festgebissen, lass sie von einem Erwachsenen entfernen.
Rötet sich die Stelle, ab zum Arzt!

Signale geben

Notsignale gibst du nur dann, wenn wirklich Hilfe gebraucht wird! Mache zuerst auf dich aufmerksam:

- mit einer Trillerpfeife
- mit Lichtreflexen (zum Beispiel mit einer Glasscherbe oder einem Spiegel)
- im Dunkeln mit einer Taschenlampe

Bist du in den Bergen, gib sechsmal hintereinander im Abstand von zehn Sekunden ein hörbares oder sichtbares Signal. Nach jeweils einer Minute Pause wiederholst du das Signal, bis du Antwort erhältst. Die Rettungsmannschaft antwortet mit drei Signalen innerhalb einer Minute.

Das wichtigste Notsignal auf See:
SOS
(Save our Souls = Rettet unsere Seelen):
• • • – – – • • •
drei kurze, drei lange, drei kurze Signale

Morsen, wie geht das?

Beim Morsen wird jeder Buchstabe durch einen Code aus langen und kurzen Signalen wiedergegeben. Damit man sich die Codes besser merken kann, gibt es Merkwörter, die mit dem jeweiligen Buchstaben beginnen. Jede Silbe im Merkwort steht für ein Signal. Dabei bedeuten Silben, in denen der Vokal „O" vorkommt, ein langes Signal (Strich) und alle anderen Silben ein kurzes Signal (Punkt).

Buchstabe	Code	Merkwort	Buchstabe	Code	Merkwort
A	•-	Anton	N	-•	Nordwind
B	-•••	Bohnensuppe	O	---	Oh Otto
C	-•-•	Coca Cola	P	•--•	Peloponnes
D	-••	Doppelkinn	Q	--•-	Quoquorico
E	•	Eis	R	•-•	Revolver
F	••-•	Filzpantoffel	S	•••	Sausewind
G	--•	Großonkel	T	-	Tor
H	••••	Hausbesitzer	U	••-	Uniform
I	••	Insel	V	•••-	Ventilator
J	•---	Jawohl Odol	W	•--	Windmotor
K	-•-	Klosterhof	X	-••-	Kommt selten vor
L	•-••	Limonade	Y	-•--	Yoshimoto
M	--	Motor	Z	--••	Zollvorsteher

Erste Hilfe

Damit du nicht am falschen Ende anfängst zu helfen, merke dir die richtige Reihenfolge:

1. Unfallstelle sichern
2. Hilfe rufen
3. Hilfe leisten

Dazu gehört:

1. Verhindere, dass noch mehr passiert!
2. Schaffe Verletzte aus dem Gefahrenbereich!
3. Sprich Trost zu und beruhige!
4. Ist der erste Schock überwunden, kannst du weitersehen!

Sonnenstich

Ein heißer, hochroter Kopf, Kopfschmerzen, Schwindelgefühl und Übelkeit können auf einen Sonnenstich hindeuten. Bring den Betroffenen sofort in den Schatten. Lagere ihn flach, kühle den erhöhten Kopf und serviere ein kühles Getränk.

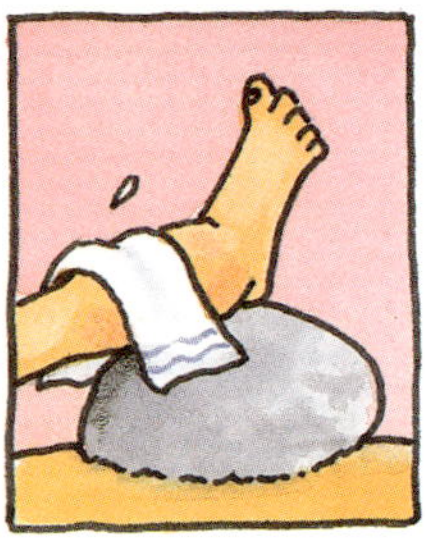

Verstauchungen

Verstauchte Knöchel hoch lagern und kühlen, zum Beispiel mit einem Handtuch, das du im Bach nass gemacht hast.

Blasen am Fuß

Sie entstehen leicht in engen, feuchten Schuhen. Lass also möglichst viel Luft an die Füße und wechsele oft die Socken. Kleine Blasen abpolstern, offene Blasen mit einem Pflaster abdecken.

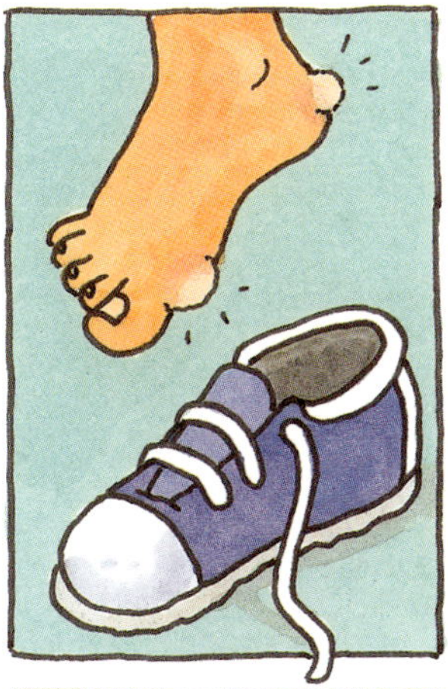

Leichte Schürfwunden

Selbst behandeln kannst du kleine Wunden, die kaum bluten, etwa Schürfungen an Armen und Beinen, Kratzer und winzige Schnitte. Ist die Wunde verunreinigt, spüle sie mit reichlich sauberem, kaltem Wasser aus, anschließend desinfizierst du sie. Zuletzt wird ein Pflaster mit Polster aufgeklebt.

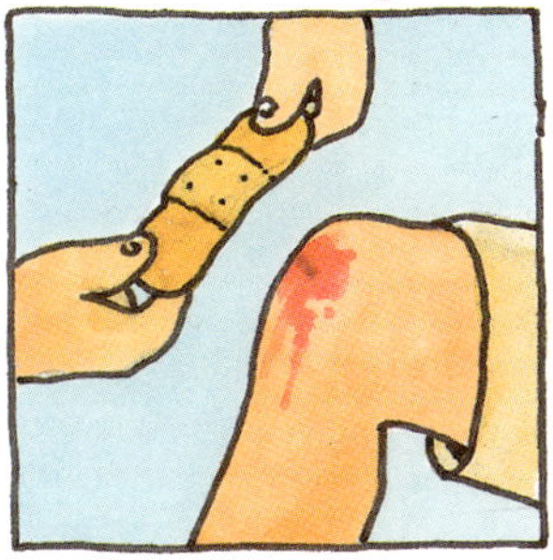

Leichte Verbrennungen

Ob Lagerfeuer oder Sonne – Hitze verbrennt die Haut. Halte den betroffenen Bereich unter reichlich fließendes, kaltes Wasser. Dadurch kühlt die Haut ab, der Schmerz wird betäubt.

Sammler, aufgepasst!

Auf deinen Streifzügen und Expeditionen durch die Natur hast du bestimmt viele tolle Sachen gesammelt: Holzstückchen, Blumen, schöne Steine und vieles mehr. Auf den nächsten Seiten findest du jede Menge Tipps, was du alles daraus machen kannst. Viel Spaß!

Schnitzen

Schnitzen macht Spaß, und du kannst Holzstücke in praktische Sachen oder sogar kleine Kunstwerke verwandeln. Aber Schnitzen ist auch gefährlich, weil du dich mit dem scharfen Messer schneiden kannst.

Die wichtigsten Schnitzregeln:

- Wer schnitzt, der sitzt!
- Immer vom Körper weg schnitzen!
- Die Hand, die das Holz hält, liegt immer hinter dem Messer, nie davor!

So gebrauchst du ein Schnitzmesser

Beim Schnitzen kommt es darauf an, dass du das Messer genau führst. Beginne mit dem Schnitzen direkt vor der Hand, mit der du das Holz festhältst. Setze das Messer flach an und schneide zunächst größere Späne ab. Für den Feinschnitt drückst du mit dem Daumen der Hand, die das Holz festhält, auf den Messerrücken – so kannst du den Schnitt bestens kontrollieren.

Welches Holz lässt sich gut schnitzen?

- Laubholz ist besser als Nadelholz.
- Frisches Holz ist besser als trockenes.
- Gut geeignet sind zum Beispiel: Birke, Linde, Schwarzerle, Wacholder und Äste des Haselnussstrauchs.

Wanderstab

Du brauchst:
1 großen Stock, Schleifpapier, 1 Taschenmesser, Paketschnur.

Suche dir zuerst einen großen, fast geraden Stock im Wald. Reibe mit deinem Schleifpapier die alte Rinde ab. Schnitze dann vorsichtig mit dem Taschenmesser kleine Verzierungen in den Stock. Als Griff wickelst du die Schnur um den Stock.

Kleine Kunstwerke

Bilderrahmen

Du brauchst:

4 fast gleich lange Äste, Paketschnur, 1 Wurzel oder 1 anderes besonders schönes Fundstück.

Binde deine Äste an allen vier Ecken mit der Schnur zusammen, sodass ein Rahmen entsteht. In diesen Rahmen hinein hängst du dein Fundstück. Nun kannst du deinen Rahmen noch mit Blättern, kleinen Steinchen oder auch Moospolstern verschönern.

Waldmobile

Du brauchst:

1 Schere, Bindfaden, verschiedene Fundstücke (Tannenzapfen, Eicheln, Kastanien, Haselnüsse, Federn, Blätter und Früchte), 1 großen Ast.

Schneide den Bindfaden in verschieden lange Stücke und binde jeweils ein Fundstück daran fest. Das andere Ende jedes Fadens befestigst du an dem großen Ast. Zum Schluss bittest du einen Erwachsenen, den Ast für dich aufzuhängen.

Verhexter Wunschfänger

Du brauchst:

1 dünnen Zweig, Paketschnur, kleine Eicheln, Steinchen, Buch-eckern, Muscheln, Federn o.ä., Zwirn.

Ein Wunschfänger soll dir Wünsche erfüllen, wenn du ihn verhext. Biege den Zweig zu einem „O" und binde ihn mit der Schnur zusammen. Forme dabei eine kleine Schlaufe, damit du deinen Wunschfänger später aufhängen kannst. Anschließend fädelst du deine Fundstücke auf den Zwirn und befestigst ihn kreuz und quer in deinem Ring. Zum Schluss hängst du den Wunschfänger auf.

Jetzt musst du deinen Wunschfänger verhexen: Schau auf den Schatz in dem Netz, schließe deine Augen, sprich einen Zauberspruch und wünsch dir was.

Mandalas

Lege aus deinen Fundstücken einen Kreis und füll ihn mit einem schönen Muster. Wenn du Lust hast, kannst du es immer wieder verändern – oder du klebst es auf eine Pappe oder eine Baumscheibe.

Rindenbilder

Du brauchst:
1 dünnes Blatt Papier, Wachsmalkreide, Klebstoff.

Drücke dein Blatt Papier gegen einen Baumstamm. Male anschließend mit deinen Wachsmalkreiden das Papier vollständig an. Es entsteht ein Abdruck der Rinde. Klebe einige Blätter, Blüten oder Früchte des Baumes darauf und schreibe seinen Namen dazu.

Steinbeißer und Co.

Du brauchst:
verschieden große Steine, starken Klebstoff, glänzenden Acryllack, Pinsel, kleine Holzstückchen, Moospolster.

In der Natur findest du viele Steine, die du gut gebrauchen kannst. Egal ob sie rund oder eckig sind – mit ein bisschen Fantasie entsteht daraus ein Tier, ein Mensch oder du denkst dir etwas aus. Wenn noch etwas fehlt, klebst du einen weiteren Stein an, zum Beispiel kleine Steinchen für Augen und Nasen. Und dann geht es los: Bemale die Steine nach Lust und Laune. Aus kleinen Holzstückchen und Moos werden tolle Frisuren. Wenn du Lust hast, kannst du eine ganze Tierfamilie basteln und sie später auf einem Tablett mit Moos, Holzstückchen, Ästen und Co. anordnen.

Kleister-Sand-Bilder

Du brauchst:

leere Joghurtbecher, Kleisterpulver, Wasser, Schaschlikspieße, Plakatfarben, dicke Pinsel, 1 starke Pappe, Sand, Steinchen, Körner.

Gib in jeden Joghurtbecher etwas Kleisterpulver und Wasser und rühre mit dem Schaschlikspieß um. Dann mischst du in jedem Becher eine andere Farbe unter. Nun kannst du deine Pappe nach Lust und Laune bepinseln. Hier und da arbeitest du Sand, Steinchen und Körner mit ein.

Spiel und Spaß mit Blumen

Blumenketten

Sammle Wiesenblumen. Ritze mit deinem Fingernagel ein kleines Loch in den Stängel einer Blume. Ziehe den Stängel einer anderen Blume dadurch, ritze ihn an und immer so weiter – bis du einen langen Kranz oder eine Kette hast.

Tipp: Bevor du deine Blumen zu einer Kette bindest, stellst du sie für eine Stunde in lauwarmes Wasser. Dann bleiben sie länger frisch. Zusätzlich kannst du dein Kunstwerk einmal täglich mit Wasser besprühen. Dann sieht es länger wie frisch aufgefädelt aus.

Blumen färben

Du brauchst:

1 Glas, Wasser, blaue Tinte, 1 weiße Blume, zum Beispiel eine Dahlie oder Margerite.

Fülle in dein Wasserglas zwei Drittel Wasser und ein Drittel blaue Tinte. Stelle dann deine weiße Blume hinein. Schon bald wirst du sehen, wie die Farbe in der Pflanze aufsteigt. Nach einigen Stunden ist die Blüte blau gefärbt.

Was steckt dahinter?

Pflanzen geben über ihre Blätter Wasser an die Luft ab. Dadurch entsteht eine Sogwirkung, die dafür sorgt, dass die Pflanze neues Wasser aus der Erde oder dem Wasserglas aufnimmt. Die blaue Tinte zeigt den Weg des Wassers in der Pflanze.

Frisch gepresst

Du brauchst:
verschiedene Blumen, Blüten oder Blätter, Löschpapiere, mehrere dicke Bücher.

Lege deine Blumen, Blüten oder Blätter (ohne Wurzel) zwischen zwei Löschpapiere. Beschwere sie mit einem Stapel dicker Bücher. Dann brauchst du Geduld. Kontrolliere täglich dein Löschpapier. Sollte es feucht sein, wechselst du es aus. Sobald deine Pflanzen steif und trocken sind, kannst du sie zum Beispiel auf dünne Tonkartonstreifen kleben. So hast du ein Lesezeichen!

Deine Pflanzen sehen aber auch auf Schachteln oder Karten gut aus. Wenn du deine gepressten Pflanzen auf ein Papier klebst, ihre Namen dazu schreibst und alles in eine Prospekthülle steckst, erhältst du ein Herbarium.

Blumenuhr

Du brauchst:

1 Zirkel, 1 Blatt Papier, Buntstifte, 1 Uhr.

Blumen öffnen und schließen ihre Blüten zu unterschiedlichen Zeiten – jede Sorte zu einer anderen Uhrzeit. So schließt der Löwenzahn seine Köpfchen nachmittags, die Ringelblume dagegen erst abends.

Zeichne mit dem Zirkel einen großen Kreis auf dein Blatt und teile ihn in 24 Stunden auf. Dann beobachtest du die Blumen und malst deine Beobachtungen in die Uhr. So verraten dir die Blumen, wie spät es ist.

Musikinstrumente

Rhythmus-Rasseln

Du brauchst:

Schleifpapier, 1 hohles Stück Holz, Papier und Gummiband, Eicheln, Steinchen, Bucheckern.

Glätte zuerst mit deinem Schleifpapier alle scharfen Kanten des Holzstücks, damit du dich später nicht verletzt. Verschließe die eine Öffnung mit dem Papier und dem Gummiband, fülle deine Fundstücke in das Holzstück und verschließe dann auch die andere Öffnung. Achte darauf, dass sich der Inhalt gut bewegen kann. Und jetzt: Schütteln!

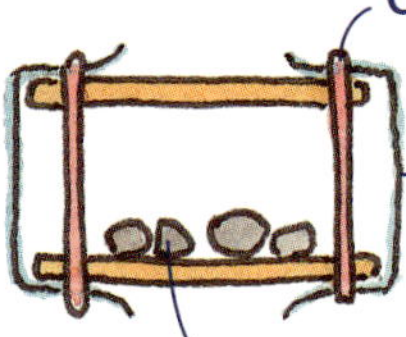

Tipp: Wechsle den Inhalt nach jedem Aufenthalt im Freien. So entstehen immer wieder neue Töne.

Und noch ein Tipp: Wenn du kein hohles Holzstück findest, tut's auch eine Klopapierrolle.

Naturxylophon

Du brauchst:

verschiedene trockene Hölzer, Paketschnur, 1 starken Ast, 1 Stöckchen als Schlägel.

Hänge deine Hölzer der Größe nach an einen starken Ast. Schlage dann mit dem Stöckchen gegen die einzelnen Teile. Jedes Holz bringt einen anderen Ton hervor. Ob dir eine Tonleiter gelingt?

Holunderflöte

Du brauchst:

1 Holunderstück, 1 Nagelbohrer.

Suche zuerst ein fingerdickes, etwa 6 cm langes Holunderstück. Entferne das weiche Mark mit dem Nagelbohrer. Bohre anschließend mehrere Löcher in das Holz. Zum Flöten hältst du die untere Öffnung zu. Danach pustest du kräftig in das Rohr.

Heulende Schnecken

Suche ein leeres Schneckengehäuse und puste kräftig hinein! Wenn du es richtig machst, entsteht ein lauter, heulender Ton.

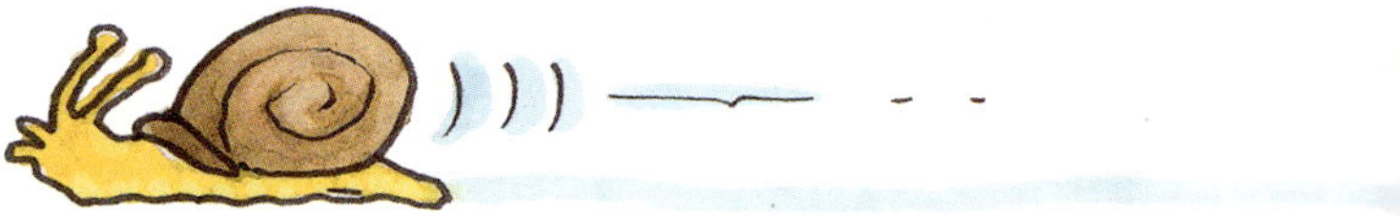

Grashalmflöte

Lege einen langen, flachen Grashalm zwischen deine beiden Daumen. Puste dann kräftig in die kleine Lücke unterhalb deiner beiden Daumengelenke hinein. Dein Halm beginnt zu vibrieren. Das erzeugt einen schönen lauten Ton. Wenn du unterschiedlich stark pustest, entstehen verschiedene Töne. Schaffst du es, ein Lied zu spielen?

Rundholz-Trommeln

Du brauchst:

1 hohles Rundholz, Schleifpapier, 1 Schere, 1 Luftballon, Gummiband.

Es ist nicht einfach, ein hohles Rundholz zu finden. Aber vielleicht hast du ja Glück! Entferne dann zunächst alle scharfen Kanten mit deinem Schleifpapier, damit du dir beim Trommeln nicht wehtust. Schneide dann das untere Endes des Luftballons ab und spanne den Rest über eine Öffnung des Rundholzes. Damit der Luftballon beim Trommeln nicht abrutscht, befestigst du ihn stramm mit dem Gummiband. Nimm nun deine Trommel zwischen die Knie und schlage abwechselnd mit deiner rechten und linken Hand flach auf die Luftballonseite. Es entstehen schöne dumpfe Töne, mit denen du richtig Krach machen kannst.

Klingendes Windspiel

Du brauchst:
Muscheln, Steine, Holz- und Rindenstückchen, Bindfaden, 1 Ast.

Knote verschiedene Fundstücke an einen Faden. Stelle mehrere solcher Fäden her und binde sie am Ast fest. Die Fäden müssen eng zusammenhängen, damit Steinchen und Co. im Wind klimpernd aneinander schlagen.

Das kleinste Schlagzeug der Welt

Teile eine Walnuss in zwei Teile. Nimm die Nuss aus dem Inneren heraus. Auf die hohlen Walnussschalen kannst du nun mit einem Stöckchen schlagen.

Zauberrasseln

Du brauchst:

mehrere Walnüsse, 1 Nussknacker, trockenen Reis, mehrere Kronkorken, 1 Nagel, 1 Hammer, Draht, Klebstoff, 1 Astgabel.

Für diese schöne Rassel halbierst du zunächst die Walnüsse und entfernst das Innere. Fülle nun jeweils in eine Schalenhälfte etwas trockenen Reis. Dann lochst du die Kronkorken. Stelle dazu einen Nagel auf einen Korken und schlage kurz mit dem Hammer darauf. Es entsteht ein kleines Loch. Dann fädelst du zwei Kronkorken auf den Draht. Als Nächstes klebst du deine erste Walnuss so zusammen, dass der Draht genau zwischen den beiden Schalen liegt. Dann wieder zwei Kronkorken, eine Nuss und immer so weiter. Zum Schluss bindest du die beiden Drahtenden an der Astgabel fest. Fertig!

Schleichfußindianer

Es lohnt sich, leise wie ein Schleichfußindianer in der Natur unterwegs zu sein. Sehen, hören, fühlen, schmecken – es gibt viel zu entdecken. Probier's aus!

Tastbilder

Du brauchst:
deine Fundstücke, 1 große Pappe, Klebstoff.

Klebe deine gesammelten Schätze auf eine große Pappe. Dann schließt du die Augen und drehst dein Bild mehrmals im Kreis herum. Versuche anschließend, nur mit deinen Fingerspitzen zu erraten, wo sich welcher Gegenstand befindet. Du kannst auch zusammen mit einem Freund oder einer Freundin spielen. Wer wohl die meisten Sachen erkennt?

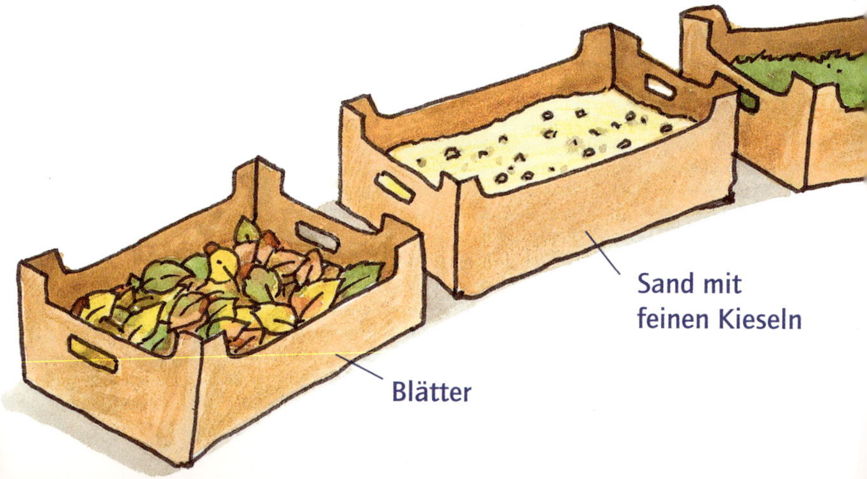

Auf leisen Sohlen

Du brauchst:
viele Fundstücke, leere Bananenkartons.

Verteile deine gesammelten Schätze auf die Kartons. In jeden Karton kommt etwas anderes: Blätter, Heu, Sand, Eicheln, kleine Äste, Kastanien und so weiter. Wichtig ist, dass sich keine spitzen oder scharfen Kanten an den Gegenständen befinden, damit sich niemand verletzt. Stelle die Kartons in eine lange Reihe hintereinander. Ziehe dann Schuhe und Socken aus. Schließe deine Augen und bitte einen Freund, dich von Kiste zu Kiste zu führen. Errätst du, was in den Kartons liegt?

Ganz klein

Leg dich auf eine Wiese und beobachte die Pflanzen und Tiere. Was kannst du hören und sehen? Wie schmeckt die Luft? Schließe deine Augen und lausche. Mach dich anschließend ganz klein und krabbele wie ein Käfer über die Wiese. Wie sehen die Blumen und Pflanzen von unten aus? Und dann: Wie sieht die Wiese von oben aus?

Wolkentheater

Und jetzt blicke nach oben in den Himmel und sieh dir die Wolken an. Was kannst du erkennen? Ein Tier, einen Baum oder vielleicht ein Schloss? Welche Wolken spielen zusammen, welche flüstern sich Geheimnisse zu? Jagt eine Wolke eine andere? Türmen sich einige zu Gewitterwolken auf? Gibt es schnelle und langsame Wolken? Was kannst du noch entdecken?

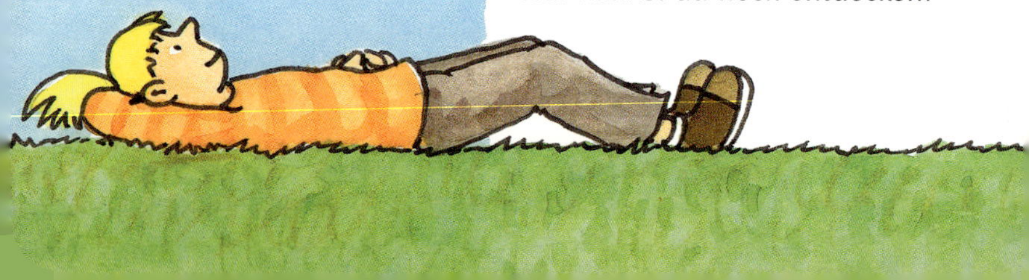

Baumtelefon

Lege dein Ohr an einen Baumstamm und achte auf die Geräusche, die du hörst. Kratze mit einem Fingernagel auf der gegenüberliegenden Seite des Baumes. Klopfe mit deinen Fingern gegen den Baum. Nimm kleine Stöckchen oder Steinchen und schlage sie vorsichtig gegen den Stamm. Was hörst du?

Waldmikado

Sammele viel verschiedene Stöckchen. Eins wird mit einem Geschenkband markiert. Anschließend wirfst du alle Stöckchen auf den Boden. Und dann geht es los: Versuche, einen Stock nach dem anderen aus dem Haufen zu nehmen, der dabei nicht wackeln darf. Für jedes Stöckchen erhältst du einen Punkt. Der Stock mit dem Band ist der Joker, für den es zehn Punkte gibt. Wer spielt mit?

Genug geträumt!

Auf den nächsten Seiten findest du viele wilde Spiele, bei denen du dich zusammen mit deinen Freundinnen und Freunden so richtig austoben kannst.

Mal anders unterwegs

Schneide aus Tonpapier so viele Karten aus, wie ihr Kinder seid. Auf jede Karte malst du ein anderes Tier. Jedes Kind zieht eine Karte und bewegt sich ab jetzt so wie das aufgemalte Tier. Der Hund rennt, der Schmetterling fliegt, das Pferd galoppiert, der Hase hüpft … Sobald ein Kind „Stopp!" ruft, tauscht ihr eure Karten und bewegt euch anders.

Wer springt am weitesten?

Wie weit kannst du springen? So weit wie eine Maus oder wie ein Fuchs? Probier's mit deinen Freunden aus! Springt alle der Reihe nach so weit ihr könnt. Und dann wird gemessen.

Fuchs und Hase

Bei diesem Spiel gibt es viele Hasen und nur einen Fuchs. Alle Hasen müssen zusammen eine ungerade Zahl ergeben. Am Anfang hoppeln alle Hasen umher. Wenn der Fuchs kommt, sucht sich jeder Hase einen Freund und fasst ihn an die Hand. So kann ihnen der Fuchs nichts tun. Das Häschen, das übrig bleibt, wird jetzt vom Fuchs gejagt. Die anderen Hasen stellen sich dem Fuchs in den Weg. Dabei kann es schon mal passieren, dass sich ihre Hände nicht mehr berühren. Nun sind auch sie nicht mehr geschützt. Wen der Fuchs zu fassen kriegt, darf im nächsten Spiel der neue Fänger sein.

Schnitzeljagd

Bildet zwei Gruppen. Die erste Gruppe läuft zehn Minuten vor der zweiten los und legt eine Spur. Die könnt ihr einfach mit einem Stock in den weichen Waldboden ritzen oder mit Straßenkreide aufmalen. Natürlich werden auch falsche Spuren gelegt. Ob die zweite Gruppe darauf hereinfällt? Am Ende des Weges hören die Spuren auf. Die erste Gruppe hat sich in der Nähe versteckt und wartet leise darauf, von den anderen entdeckt zu werden. Die zweite Gruppe hat gewonnen, wenn sie die erste Gruppe findet. Anschließend gibt's ein Picknick.

Grashüpfer-Spiel

Grashüpfer sind wechselwarme Tiere. Das heißt, sie können ihre Körpertemperatur und damit auch ihre Geschwindigkeit, mit der sie etwas tun, nicht selber regeln. Je wärmer es ist, desto schneller können sich Grashüpfer bewegen. Je kälter es ist, desto langsamer sind sie. So ist es auch in diesem Spiel, bei dem sich alle Kinder an eine Startlinie stellen.

Dann geht's los: Alle hüpfen wie kleine Grashüpfer auf einer vorher markierten Strecke bis zum Ziel. Ein vorher ausgewählter Spielleiter ruft zwischendurch „Frühling", „Sommer" oder „Herbst" (im Winter schlafen die Grashüpfer). Sofort müssen alle Kinder schneller oder langsamer hüpfen. Im Herbst läuft alles in Zeitlupe ab, im Frühling kommt wieder alles in Schwung, und im Sommer sind alle Hüpfer superschnell.

Ich hab was, das du nicht hast!

Bei diesem Spiel steht ein Kind mit dem Rücken zu allen anderen Kindern. In seiner Hand hält es einen Gegenstand aus der Natur, zum Beispiel einen Tannenzapfen. Den wirft es über seine Schulter zu den anderen Kindern, die sofort versuchen, den Tannenzapfen zu fangen. Wer ihn geschnappt hat, ruft laut: „Ich hab hier was, das du nicht hast!" Dann rennen alle los. Der Werfer muss versuchen, das Kind mit dem Zapfen zu finden. Gelingt das, wird der Fänger neuer Werfer.

Fotoexkursion

Für die Fotoexkursion müsst ihr Paare bilden. Jedes Paar besteht aus einer Kamera (erstes Kind) und einem Fotografen (zweites Kind). Die Kamera hält sich die Augen zu und wird vom Fotografen über eine Wiese oder durch den Wald geführt. Wenn der Fotograf ein schönes Motiv entdeckt, sagt er: „Klick!" Die Kamera darf nun für fünf Sekunden die Augen öffnen. Dann geht es weiter zum nächsten Objekt. Nach zwei gemachten Fotos tauschen Kamera und Fotograf die Rollen. Wer die meisten Details eines Fotos behalten und am Ende der Exkursion benennen kann, gewinnt.

Floßregatta

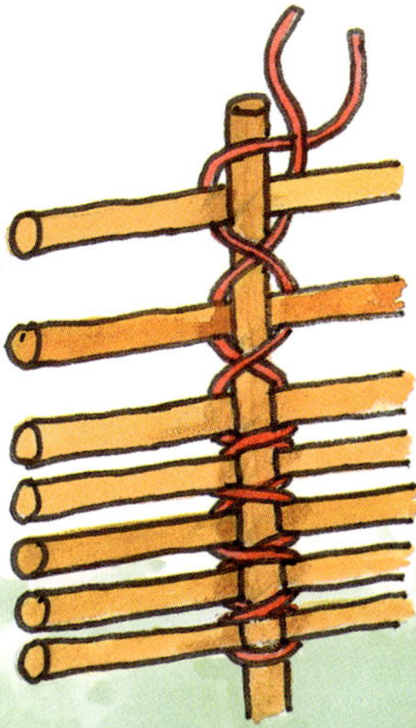

Ihr braucht:
pro „Kapitän" 10 Stöckchen (am besten Weiden-Äste), Paketschnur, 1 Blatt.

Für ein Floß brecht ihr sieben Stöckchen auf die gleiche Länge und legt sie nebeneinander. Zwei weitere Stöckchen legt ihr an zwei gegenüberliegenden Seiten quer auf die anderen. Dann bindet ihr alles mit der Paketschnur zusammen. Das letzte Stöckchen ist der Mast. Steckt ihn einfach zwischen zwei beliebige Hölzchen. Bindet anschließend ein Stückchen Paketschnur an den Mast, an dem ihr euer Floß immer wieder zurückholen könnt. Ein Blatt dient als Segel. Steckt es vorsichtig durch den Mast. Fertig!

Jetzt sucht ihr einen kleinen Bach, und jeder „Kapitän" lässt sein Floß die Strömung hinuntersausen. Wie wär's mit einer Floßregatta? Welches Floß gewinnt?

Schatzsuche in der Natur

Als Erstes braucht ihr einen Schatz. Das kann ein alter Schuhkarton oder eine Holzkiste mit einem kleinen Geschenk für jedes Kind sein. Am besten lasst ihr den Schatz von einem Erwachsenen zusammenstellen und verstecken. Dann ist die Überraschung später am größten.

Das Versteck wird mit einem „X" aus Stöckchen oder Steinen gekennzeichnet. Auf dem Weg vom Start zum Ziel müssen verschiedene Aufgaben gelöst werden, die auf kleinen Zetteln stehen. Die Zettel sind mit Bändchen in Bäumen oder an Sträuchern befestigt.

Die Lösung der Aufgabe verrät, wie's weitergeht. Hier ein paar Beispiele:

- Wie alt ist der gefällte Baum? Zählt die Jahresringe!
- In einem Blätterhaufen liegen drei versteckte Gegenstände? Ertastet sie!
- Auf dem Boden sind kreuz und quer verschiedene Buchstaben geritzt. Welches Wort ergeben sie?
- Werft drei Tannenzapfen direkt in die Mitte eines Kreises, den ihr in 1 m Entfernung vor euch seht!
- Erstellt einen Rindenabdruck von diesem Baum! Malsachen findet ihr in einer Tasche neben dem Baum.

Geisterstunde im Wald

Eine Wanderung durch den dunklen Wald ist echt gruselig. Damit es noch spannender wird, verkleidet ihr euch als Waldgeister. Dann geht es los: Das erste Kind hat eine Taschenlampe in der Hand, die anderen folgen ihm. An einer beliebigen Stelle haltet ihr an, legt euch auf den Rücken, macht die Taschenlampe aus und seid mucksmäuschenstill. Jetzt könnt ihr auf die Geräusche des Waldes hören. Wer hört den Ruf eines Käuzchens, wer das Knarren der Bäume, wer entdeckt Fledermäuse oder Glühwürmchen in der Luft?

Anschließend lauft ihr weiter – bis ihr an eine Stelle mit zwei Bäumen kommt, die etwa 2 m auseinander stehen. Spannt ein Laken dazwischen und strahlt es von hinten mit der Taschenlampe an. Danach könnt ihr als Geister und Wichtel des Waldes im Schattentheater Unfug treiben. Zum Abschluss macht ihr ein kleines Picknick. Alle rücken eng zusammen, und ein Kind erzählt eine gruselige Geschichte.

Blätter für Abenteurer

Klar: Abenteurer feiern in der Wildnis, zum Beispiel im Wald in großen Blätterhaufen. Hier findest du Tipps für eine abenteuerliche Blätterparty. Wenn du deinen Geburtstag nicht in der Wildnis feiern kannst, sammelst du viele Blätter und verlegst das Fest einfach ins Haus.

Spritzige Einladung

Du brauchst:
1 Schere, buntes Tonpapier, gepresste Blätter, 1 alte Zahnbürste, 1 Becher Wasser, Wasserfarben, 1 Sieb.

1. Schneide aus dem Tonpapier Karten aus.
2. Lege ein Blatt auf die Karte.
3. Tauche die Zahnbürste ins Wasser und in die Farbe.
4. Halte dein Sieb über das Blatt und reibe mit der Bürste über das Sieb.
5. Wenn die Karte genug Farbe hat, nimmst du das Blatt herunter.
6. Ist die Farbe trocken, drehst du die Karte um und schreibst deinen Einladungstext darauf.

Blättergirlanden und -ringe

Du brauchst:
gepresste Blätter, Angelschnur, Draht.

Um euer Wohnzimmer oder die Terrasse in einen bunten Blätterwald zu verwandeln, hängst du Blättergirlanden und Blätterringe auf. Fädele die Blätter auf die Angelschnur und verknote die Enden fest. Da die Schnur fast durchsichtig ist, scheinen deine Blätter zu schweben. Für die Blätterringe benutzt du statt der Schnur den Draht und biegst ihn anschließend zu einem Ring.

Wildnispfad

Lege in der Wildnis einen Parcours an. Der kann zum Beispiel über einen liegenden Baumstamm, über einen Graben, durch dichtes Gebüsch und tief hängende Zweige führen. Wenn ihr im Garten spielt, kannst du den Parcours selbst aufbauen, zum Beispiel aus Blumentöpfen, Brettern und Bananenkartons mit verschiedenen Naturmaterialien (siehe Seite 103). Drinnen ersetzen umgekippte Stühle liegende Baumstämme, nasse Handtücher tiefe Seen und Kissen und Decken ein Schlammloch.

Lege einen Start- und einen Zielpunkt fest. Dann bekommt jedes Kind einen Pappteller mit Blättern. Den muss es auf einer Hand balancieren und dabei den Parcours überwinden. Wem ein Blatt hinunterfällt, fängt von vorn an.

Blätterberg

In der Mitte des Tisches liegt ein großer Berg Blätter. Jedes Kind hat einen Trinkhalm im Mund und die Hände auf dem Rücken. Auf die Plätze – fertig – los! Jetzt saugt ihr mit dem Trinkhalm ein Blatt an und legt es vor euch auf den Tisch. Dann das nächste Blatt und immer so weiter, bis ein Spielleiter „Stopp!" ruft oder keine Blätter mehr da sind. Wer die meisten Blätter gesammelt hat, gewinnt.

Der Waldgeist greift an

Bevor deine Gäste kommen, hast du einen alten Hut oder eine Schirmmütze mit bunten Blättern beklebt. Gemeinsam mit deinen Gästen bestimmt ihr einen „Waldgeist“, der den Hut aufsetzen muss. Anschließend stellen sich der Waldgeist und alle anderen Kinder in einem vorher abgesteckten Gebiet in einigem Abstand gegenüber auf.

Dann rufen alle Kinder „Der Waldgeist greift an!“ und rennen blitzschnell durcheinander. Sobald der Waldgeist ein Kind berührt, muss es sich die berührte Körperstelle mit einer Hand zuhalten und dann als Gehilfe des Waldgeistes (mit nur einer Hand) ebenfalls versuchen, Kinder zu fangen. Wer am Ende übrig bleibt, hat gewonnen und bestimmt den nächsten Waldgeist.

Blätter-Gestalten

Ihr braucht:

verschiedene gepresste Blätter, bunten Tonkarton, Schaschlikspieße, 1 Schere, Klebstoff, Stifte, Klebeband.

Klebt die gepressten Blätter auf den Fotokarton und schneidet um sie herum. Wichtig ist, dass ein schmaler Rand Fotokarton sichtbar bleibt. Schneidet dann größere Kreise für das Gesicht und kleinere Kreise für Augen und Nase aus. Klebt alles auf die Blätter und malt einen großen lachenden Mund darauf. Zum Schluss befestigt ihr hinter jeder lustigen Gestalt mit dem Klebeband einen Schaschlikstab. Dann könnt ihr zusammen Theater spielen – oder ihr steckt die Figuren in Blumentöpfe. Das sieht auch schön aus.

Blättergebäck

Bevor deine Gäste kommen, backst du leckere Blätterplätzchen.

Dafür brauchst du:

300 g Weizenvollkornmehl, 1 Päckchen Vanillezucker, 1 Ei, 100 ml Milch, 100 g Honig, 100 g Butter, 1 Teelöffel Backpulver, 1 Prise Salz, außerdem: einige frisch gewaschene Blätter und 1 Schaschlikstab.

1. Gib alle Zutaten in eine Schüssel und verknete sie zu einem glatten Teig.
2. Stelle ihn für mindestens eine Stunde in den Kühlschrank.
3. Gib dann Mehl auf den Tisch und rolle den Teig aus.
4. Lege ein Blatt auf den Teig, drücke es etwas an, schneide die Form mit einem Messer aus und nimm das Blatt wieder herunter.

5. So machst du immer weiter, bis kein Teig mehr übrig ist.
6. Lege die Blätterplätzchen auf ein mit Backpapier ausgelegtes Backblech.
7. Wenn du Lust hast, ritzt du mit dem Schaschlikspieß noch ein paar Blattadern in die Plätzchen.
8. Backe sie im vorgeheizten Ofen 10 bis 15 Minuten bei etwa 175 Grad.

Besonders schön sieht es aus, wenn du dein Blättergebäck auf einem mit bunten, sauberen Blättern ausgelegten Teller servierst.

Tipp: Genauso lecker sind auch Blätter-Schnittchen. Schneide aus Graubrot- oder Schwarzbrotscheiben Blätterformen aus, bestreiche sie mit Frischkäse und streue klein gehackte Kräuter darüber.

Leckere Blätter-Schorle

Du brauchst:

1 Eiswürfelform, einige Blätter frische Minze, 1 Flasche Saft, 1 Flasche Mineralwasser, Trinkhalme, verschiedene Blätter.

1. Fülle zuerst Wasser in die Eiswürfelform.
2. Gib in jedes Fach ein Blättchen Minze dazu und stelle alles ins Gefrierfach.
3. Wenn deine Eiswürfel fertig sind, legst du jeweils zwei von ihnen in ein Glas.
4. Gieße eine Hälfte Saft und eine Hälfte Mineralwasser dazu.
5. Zum Schluss verzierst du die Trinkhalme mit den Blättern und stellst sie in die Gläser.

Bunte Geschenke

Am Ende deiner Party gibst du deinen Gästen kleine Geschenke mit – als Andenken.

Dafür brauchst du:
dicke Stifte, leere Butterbrotstüten aus Papier, verschiedene Blätter, kleine Geschenke (zum Beispiel schön bemalte Steine, Murmeln, Notizblöckchen, Stifte ...), Geschenkband.

Schreibe mit den dicken Stiften auf jede Tüte den Namen eines Gastes. Mal ein schönes Bild dazu oder klebe ein Blatt auf. Dann füllst du in jede Tüte Blätter und Geschenke. Zum Schluss bindest du die Tüten mit dem Geschenkband zu.

Hallo, Abenteurer!

Noch mehr spannende Infos,
tolle Tipps und Spiele findest du hier:

Komm, wir spielen im Wald!
ISBN 978-3-8157-7726-8

Erste Hilfe für Kinder
ISBN 978-3-8157-7821-0

Wir entdecken die Krabbeltiere
ISBN 978-3-8157-7987-3

**Entdecken und Bestimmen
Tiere**
ISBN 978-3-8157-7992-7

**Entdecken und Bestimmen
Pflanzen**
ISBN 978-3-8157-7993-4

**Entdecken und Bestimmen
Steine und Mineralien**
ISBN 978-3-8157-8867-7

**Entdecken und Bestimmen
Weltall**
ISBN 978-3-8157-8868-4

Fernglas – zum Beobachten großer Tiere
Becherlupe – zum Beobachten kleiner Tiere
Kompass – damit du immer die Richtung kennst
Pflaster – wenn kleine Wunden zu verarzten sind
Taschenmesser – zum Schnitzen, Schneiden, Dosenöffnen
Schere – nützlich bei Bastelarbeiten
Tuch – bei kaltem Hals, zum Einwickeln von Fundstücken und mehr
Uhr – damit kannst du bestimmen, wo Süden ist
Stift – zum Schreiben
Trinkflasche – für Wasser oder Saft
Taschenlampe – bringt Licht ins Dunkel